KB266408

방구석 식물학

방구석 식물학

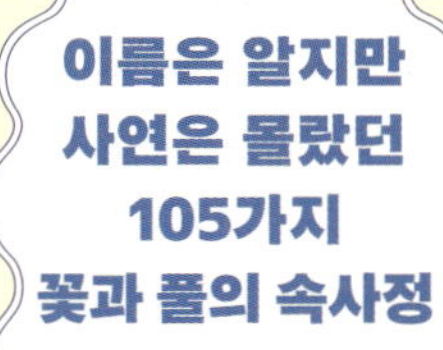

이름은 알지만
사연은 몰랐던
105가지
꽃과 풀의 속사정

이나가키 히데히로
김수경 옮김

사람과
나무사이

식물에게도
말 못 할 속사정과
감춰둔 은밀한 이야기가
있다는데?!

풀 한 포기에도 역사가 있습니다.

길가에 무심히 피어 있는 작은 들꽃 하나, 꽃집 창가에 놓인 화분 하나. 그 안에는 시대와 지역을 넘어 사람들의 삶 속에 깊이 뿌리내린 이야기들이 있습니다. 말이 없는 식물이지만 하고 싶은 말은 참 많습니다. 신화와 전설, 사랑과 이별, 웃음과 눈물이 꽃잎 하나하나에 고스란히 담겨 있습니다.

식물에게도 말 못 할 속사정과 감춰둔 은밀한 이야기가 있습니다. 꽃은 아름답습니다. 그러나 그 꽃에 깃든 이야기는 더 아름답습니다.

계절의 흐름을 온몸으로 느끼게 해주는 풀꽃들. 그 작은 에피소드 하나하나가 식물을 바라보는 눈을 새롭게 열어주고 누군가에게 전해주고 싶은 이야기가 되어줍니다.

잠들기 전 마음을 쉬게 하고 싶을 때, 가볍고 따뜻한 기분으로 하루를 마감하고 싶을 때, 그런 일상의 순간을 위해 105가지 그림과 짧은 이야기를 모았습니다.

저자 서문　식물에게도 말 못 할 속사정과
감춰둔 은밀한 이야기가 있다는데?!　　　4

제1장　이름도 사연도 제각각,
들판의 풀꽃

이름도 사연도 제각각, 들판의 풀꽃

큰개불알풀

여인은 왜 처형장으로 향하던
예수에게 손수건을 건넸을까

학명	*Veronica persica*
과(科)	질경이과
개화기	봄
꽃말	신성(神聖) · 맑음

대학 입시를 마치고 집으로 돌아오는 길, 작고 파란 큰개불
알풀이 길가에 피어 있었습니다. 유럽 원산의 귀화식물인 큰
개불알풀은 아직 살을 에는 추위 속에서도 꽃을 피워 제비

나 휘파람새처럼 봄이 머지않았음을 넌지시 알려주는 기특
한 식물입니다.

큰개불알풀의 학명은 Veronica(베로니카: 기독교 전승에 등
장하는 여성으로, 십자가를 지고 골고다 언덕을 오르는 예수의 얼굴
을 손수건으로 닦아주었다고 전해진다._옮긴이)입니다. 어디서 비
롯된 이름일까요? 형장으로 끌려가는 예수에게 손수건을 건
넨 여인의 이름에서 유래했다는 것이 널리 알려진 이야기입
니다. 여인이 건넨 손수건으로 얼굴을 닦자 그리스도의 얼굴
이 그 천 위에 선명히 새겨지는 기적이 일어났고, 이 이야기
는 오랜 세월 사람들의 입에서 입으로 전해져 내려왔습니다.

작은 풀꽃 하나에 이토록 깊은 사연이 깃들어 있습니다.

머위

부드러운 잎으로
엉덩이를 닦았다고?

학명	*Petasites japonicus*
과(科)	국화과
개화기	봄
꽃말	기다림 · 사랑스러움 · 진실은 하나

이른 봄, 잎보다 먼저 땅을 뚫고 올라오는 머위 꽃대(フキノト
ウ: 머위의 꽃줄기. 잎이 나오기 전 이른 봄에 먼저 올라오는데, 한국에
서도 봄철 나물로 즐겨 먹는다._옮긴이)는 봄의 첫 신호입니다.

머위는 수그루와 암그루가 따로 있는데, 꽃가루가 노란

빛을 띠어 뭉툭해 보이는 것이 수그루, 희고 가녀린 것이 암그루입니다. 한국과 일본 산야 어디서나 흔히 볼 수 있는 여러해살이풀로, 커다랗고 부드러운 잎이 인상적입니다. 그 큰 잎은 빗물을 모으는 천연 깔때기가 되기도 하고, 잎자루 안에는 물길이 잘 발달해 있어 마치 작은 수로처럼 물을 흘려보냅니다.

머위는 일본에서 '후키ふき'라고 불립니다. 이 이름의 어원에 대해서는 여러 이야기가 전해지는데, 그중 가장 흥미로운 것은 '닦다拭き·ふき'에서 유래했다는 내용입니다. 커다랗고 부드러운 머위 잎으로 엉덩이를 닦았던 데서 비롯되었다는 것인데, 과연 사실일까요?

진위는 알 수 없지만, 식물의 이름 하나에도 옛사람들의 소박한 일상이 고스란히 담긴 것 같아 절로 미소가 지어집니다.

떡쑥

보송보송한 솜털 속에 담긴
어머니의 온기

학명	*Gnaphalium affine*
과(科)	국화과
개화기	봄~초여름
꽃말	언제나 생각해, 다정한 사람, 따뜻한 마음, 끝이 없는 사랑

봄의 들판에서 흔히 만나는 떡쑥은 예로부터 봄을 대표하는 나물 중 하나입니다. 도감에는 한자로 '御形(고교)'라고 표기되기도 하는데, 고교는 '사람 모습을 본떠 만든 물건'을 뜻하는 말입니다. 옛날에는 봄 명절날 사람 모양의 인형을 강에 띄워

보내며 액운을 막는 풍습이 있었고, 떡쑥은 바로 그 인형과 깊은 인연을 맺어온 식물입니다.

떡쑥은 솜털이 보송보송 돋아나 따뜻하고 부드러운 인상을 주는 식물입니다. 원래는 '호우코구사'라고 불렸는데, 그 보드라운 솜털이 어머니의 포근함을 닮았다고 하여 어느새 '하하코구사', 즉 '어미와 자식 풀'로 불리게 되었다는 이야기가 전해집니다. 잎에 솜털이 많아 떡에 섞으면 찰기가 생기는 것도 이 식물만의 특징입니다. 부드럽고 따뜻한 생김새 덕분에 언제부턴가 봄 명절과 뗄 수 없는 식물이 되었지만, 오늘날에는 명절 떡의 재료로도 더 이상 쓰이지 않게 되었다고 합니다.

004

제비꽃

천재 수학자가 제비꽃에서 찾은 답,
피어 있는 것으로 충분하다

학명	*Viola mandshurica*
과(科)	제비꽃과
개화기	봄
꽃말	작은 사랑·겸손·진실·작은 행복

꽃은 왜 피는 걸까요. 누구에게도 눈에 띄지 않는 곳에서 조용히 피어나는 들꽃. 제비꽃이 바로 그런 식물입니다. 눈에 잘 띄지 않는 자리에 수수하게 피어나면서도 묵묵히 제 몫을 다하고, 사람들에게 깊은 인상을 남깁니다.

수많은 업적을 남긴 천재 수학자 오카 기요시(岡潔: 1901~1978, 다변수 복소함수론 분야에서 세계적 업적을 남긴 일본의 수학자_옮긴이)는 수학이 "인류의 더 나은 삶을 위해 무슨 역할을 하는가"라는 질문에 이렇게 답했습니다. "제비꽃처럼 피어 있으면 됩니다"라고. 사람들은 저마다 '무엇을 위해 사는가',

'무슨 역할을 하며 살아야 하는가'를 고민합니다. 그러다 결국 '자신은 아무 의미도 없는 존재가 아닐까'라는 생각에 괴로워하기도 합니다.

제비꽃은 그런 고민 따위 하지 않습니다. 제비꽃이기 때문에 제비꽃을 피웁니다. 그것만으로 충분합니다. 제비꽃이 아름다운 것은 그래서입니다.

005

유채

그 노란 꽃밭,
유채일까 아닐까

학명	*Brassica napus*
과(科)	배추과
개화기	봄
꽃말	쾌활 · 밝음

봄이 되면 어디선가 펼쳐지는 샛노란 꽃밭. 우리는 으레 그
것을 유채꽃이라 부르지만 사실 도감에는 '유채꽃'이라는 식
물이 따로 없습니다. 유채ナノハナ는 배추속Brassica 식물에 피
는 노란 꽃을 두루 일컫는 말이기 때문입니다. 종류가 워낙

다양해서 식물명으로는 특정하기 어렵고, 길가나 빈 땅에서
흔히 볼 수 있는 것들은 대부분 귀화식물입니다.

봄 들판을 가득 채운 노란 꽃밭을 자세히 들여다보면 서
양유채·서양배추·양배추·콜라비·갓 등 저마다 잎을 활짝
펼친 꽃들이 어우러져 있습니다. 모두 넓은 의미의 유채꽃입
니다.

유채는 오래전부터 등잔 기름을
짜는 작물로 재배되어왔고, 봄을
노래하는 시와 노래에도 자주
등장하는 친근한 식물입
니다. 샛노란 꽃빛처럼
밝고 활기찬 봄의 상징
이기도 합니다.

006

냉이

잡초라 불리지만
그 이름엔 사랑이 담겨 있다

학명 — *Capsella bursa-pastoris*

과(科) — 배추과

개화기 — 봄~초여름

꽃말 — 모든 것을 바칩니다

냉이의 별명은 펜펜구사ぺんぺん草. 삼각형의 열매가 '샤미센'
이라는 이름의 일본 전통 악기 채 모양을 닮았다고 하여 붙
여진 이름입니다. "집안이 망하면 지붕 위에 냉이가 자란다"
라는 말이 있을 정도로 냉이는 생명력이 강한 풀로 알려져
있습니다. 더 나아가 그마저도 자라지 못할 만큼 '황폐한 땅'
이라는 뜻으로 쓰이기도 하고, 심한 경우 빈정거림의 표현으
로도 사용됩니다.

그런데 냉이ナズナ라는 이름의 유래는 사뭇 다릅니다. '애
지중지 여기는 채소'라는 뜻에서 비롯되었다고 전해집니다.
실제로 냉이는 예나 지금이나 식용채소로 사랑받는 식물입
니다. 강인한 생명력 덕분에 잡초 취급을 받기도 하지
만 그 이름 안에는 오래전 사람들이 냉이를 얼
마나 아끼고 사랑했는지가 고스란히
담겨 있습니다.

007

황새냉이

달력이 없던 시대,
계절을 알려주었던 고마운 꽃

황새냉이タネツケバナ는 냉이와 닮았지만 열매의 모양이 가늘고 길어 쉽게 구별됩니다. 습한 곳을 좋아해 물가나 논두렁 주변에서 자주 볼 수 있습니다. 반면 건조한 길가에서 흔히 보이는 것은 황새냉이와 비슷하게 생긴 외래종입니다. 워낙

학명 ── *Cardamine scutata*

과(科) ── 배추과

개화기 ── 봄

꽃말 ── 아버지의 실책 · 승리 ·
불굴의 심지 · 정열 · 타오르는 사랑

비슷한 종류가 많아 구별이 쉽지 않습니다.

꽃만 보면 평범한 들꽃처럼 보이지만 이 식물에는 흥미로운 이름의 유래가 숨어 있습니다. 황새냉이는 벼 재배의 씨앗을 물에 불리는 시기에 꽃을 피우는 것으로 알려져 있었습니다. 달력이 없던 시절 농부들은 이 꽃이 피는 것을 보고 씨앗을 물에 불릴 때가 되었음을 알았고, 그래서 '종자 담금 꽃'이라는 이름이 붙었습니다.

들판의 작은 꽃 하나가 계절의 달력 역할을 했음을 우리는 황새냉이를 통해 배웁니다.

008

민들레

옆으로 눕는
뜻밖의 이유

학명	*Taraxacum*
과(科)	국화과
개화기	봄
꽃말	사랑의 신의 · 이별 · 진심의 사랑

민들레가 옆으로 눕는다는 말을 들어본 적 있으신가요? 민들레는 꽃을 피울 때 줄기를 곧게 세웁니다. 그러나 꽃이 지고 나면 줄기를 눕혀 꽃을 땅에 바짝 붙입니다. 그러다 씨앗이 여물 무렵이 되면 줄기가 다시 일어나 홀씨를 바람에 날려보냅니다. 이 일련의 움직임을 '민들레 체조'라고 부릅니다.

줄기가 한 단 높이 솟는 것은 홀씨를 멀리 날려 보내기 위해서입니다. 땅 위를 옆으로 기듯 눕는 이유는 아직 밝혀

지지 않았습니다. 강풍으로부터 몸을 지키기 위해서라고도 하고 씨앗이 여물 때까지 새로운 꽃을 피워 곤충을 불러들이기 위해서라고도 합니다.

어느 쪽이든 민들레가 옆으로 눕는 것은 결국 자기 자신이 아닌 다른 누군가를 위해서입니다. 민들레의 꽃은 다른 누군가를 위해 피고 지며 마침내 땅으로 돌아갑니다.

009

뱀딸기

무시무시한 약초의
정체는?

학명	*Potentilla anemoniofolia*
과(科)	장미과
개화기	봄~초여름
꽃말	끈질긴 사랑

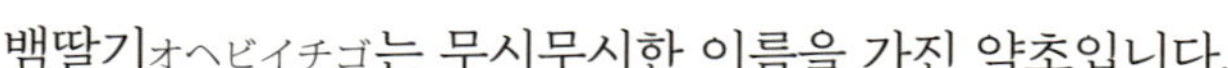

뱀딸기オヘビイチゴ는 무시무시한 이름을 가진 약초입니다.

옛이야기 속 한 장면이 떠오릅니다. 산속에서 사람을 통째로 삼킨 큰 뱀이 어느 약초를 찾아 핥습니다. 신기한 광경을 목격한 남자가 약초를 챙겨 집으로 돌아갑니다. 얼마

후 그는 국수 가게에 들러 메밀소바 먹기 내기를 하다가 폭
식을 합니다. 남자는 잠시 쉬어야겠다며 방 안으로 들어가
문을 닫습니다.

수상히 여긴 누군가가 문을 열어보니, 방 안에 남자는
온데간데없고 그가 입고 있던 옷만 덩그러니 남아 있었습니
다. 그 약초는 사람을 녹이는 풀이었던 것입니다.

이후 그 약초는 뱀이 즐겨 쓰는 약초라 하여 '뱀 약초'라
고 불리게 되었는데, 이것이 바로 뱀딸기입니다. 독성 여부
는 밝혀진 바 없으나 뱀도 사람도 녹이지는 못합니다. 뱀딸
기는 그 이름만큼 무서운 식물이 아닙니다.

010

쇠뜨기

3억 년 전부터 지구를 지켜온
살아 있는 화석

학명 — *Equisetum arvense*

과(科) — 속새과

개화기 — 봄

꽃말 — 향상심 · 놀라움

쇠뜨기スギナ는 꽃이 피지 않는 양치식물입니다. 봄에 흔히 볼 수 있는 앙증맞은 쇠뜨기 새순은 포자를 날리기 위해 내보내는 포자줄기입니다. 꽃 대신 포자로 번식하는 식물인 겁니다.

쇠뜨기는 약 3억 년 전 석탄기(石炭紀: 고생대 후기에 해당하는 지질시대로 지금으로부터 약 3억 6,000만 년 전~3억 년 전에 해당한다._옮긴이)에 크게 번성했습니다. 당시에는 높이가 수십 미터에 달하는 거대한 쇠뜨기 무리가 울창한 숲을 이루고 있었다고 합니다. 그 쇠뜨기들이 땅에 쓰러져 쌓인 것이 오늘날 석탄의 원료가 되었습니다.

지금 우리 발밑에서 소박하게 자라는 쇠뜨기를 내려다보고 있자면 마치 타임머신을 타고 고대의 울창한 숲속에 들어선 것 같은 느낌이 듭니다.

011

쑥

탈모를 해결하는 쑥의
놀라운 기술

학명 — *Artemisia indica var. maximowiczii*

과(科) — 국화과

개화기 — 초가을

꽃말 — 행복 · 떠날 수 없어 · 부부애

쑥ㅋㅌㅋ은 잎 뒷면이 하얗게 보입니다. 잎 뒷면에 가느다란
솜털이 빽빽하게 나 있기 때문입니다. 쑥은 예로부터 쑥떡의
재료로 쓰여왔는데, 바로 이 솜털 덕분에 떡에 찰기가 생깁
니다. 쑥잎을 떡 반죽에 넣으면 솜털이 반죽과 얽히면서 찰

지고 부드러운 식감을 만들어냅니다.

쑥의 솜털을 현미경으로 들여다보면 한 가닥의 털이 중간에서 두 가닥으로 갈라져 있습니다. 한 가닥의 머리카락이 여러 가닥으로 갈라지는 원리와 같습니다. 실제로 탈모로 고민하는 사람들의 발모를 돕는 방법도 이와 같은 원리를 활용한다고 합니다. 쑥도 같은 방식으로 털의 수를 늘려가는 것입니다.

012

타래난초

아름다운 나선,
오른쪽으로 도는가 왼쪽으로 도는가

학명	*Spiranthes sinensis var. amoena*
과(科)	난초과
개화기	봄~여름
꽃말	그리움

타래난초ネジバナ는 잔디밭에서 흔히 볼 수 있는 야생 난초입니다. 잡초처럼 보이지만 분홍빛의 앙증맞은 꽃이 줄기를 따라 나선형으로 피어 오르는 모습이 더없이 아름답습니다. 난蘭의 한 종류이면서도 이토록 소박한 곳에서 꽃을 피운다는 사실이 새삼 놀랍습니다.

꽃이 나선형으로 피는 것은 균형을 유지하기 위해서라고 합니다. 그렇다면 나선은 오른쪽으로 돌까요, 왼쪽으로 돌까요? 장소에 따라 오른쪽 감기와 왼쪽 감기가 있으며, 그 비율은 거의 비슷합니다. 재미있게도 아이스크림 가게의 소프트아이스크림 역시 오른쪽 감기와 왼쪽 감기가 있다고 합니다. 실제로 조사해본 결과 두 방향의 비율이 타래난초와 거의 같았다고 하니, 자연의 신비가 참으로 놀랍습니다.

013

엉겅퀴

아담과 이브의 죄에서
태어난 잡초

학명 *Cirsium spp.*

과(科) 국화과

개화기 봄~초여름

꽃말 엄격 · 독립 · 복수

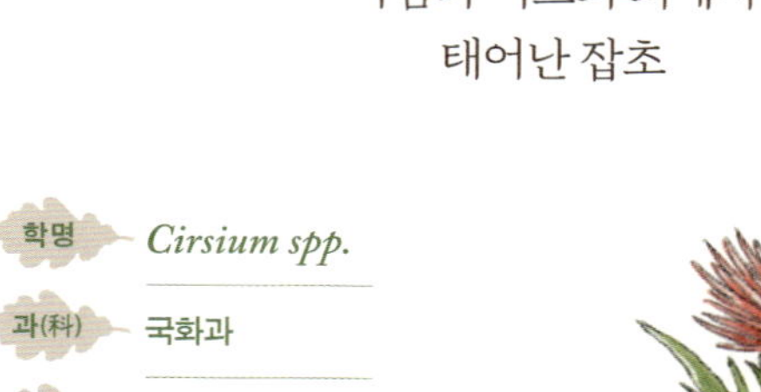

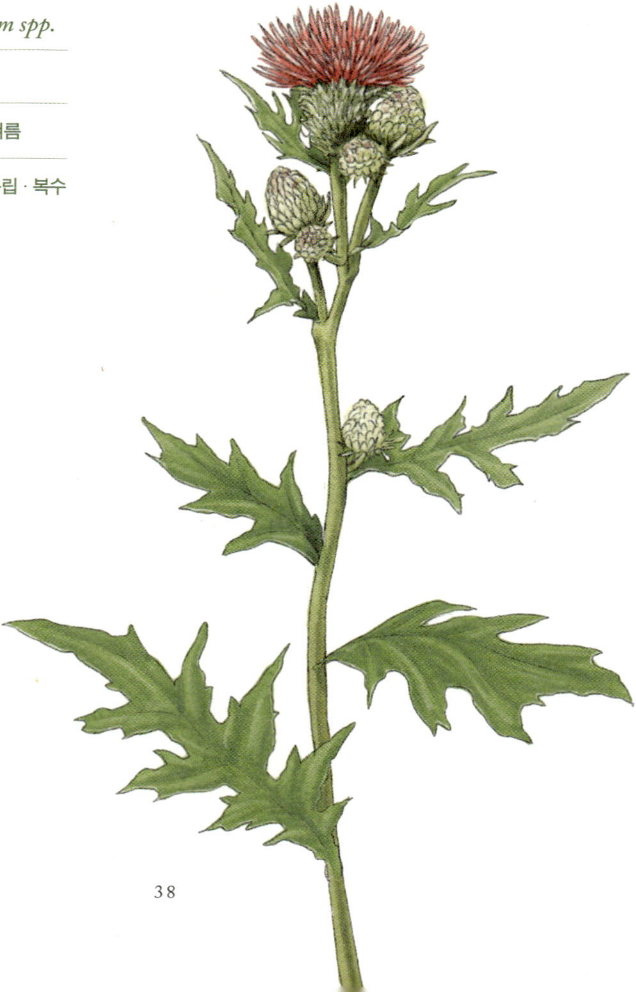

인류가 맨 처음 만난 잡초는 무엇이었을까요? 성경에 따르면 아담과 이브는 신의 가르침을 어기고 에덴동산에서 금단의 열매를 먹었다가 낙원에서 쫓겨납니다. 그렇게 에덴을 떠난 그들 앞에 가시 돋힌 이바라(イバラ: 가시가 있는 덤불식물을 통칭하는 말_옮긴이)와 엉겅퀴가 자라고 있었고, 들의 풀을 먹을 수밖에 없게 되었다고 합니다. 그러니 인류에게 처음으로 만난 잡초는 엉겅퀴였는지도 모릅니다.

우리 인간도 따지고 보면 아담과 이브의 후손. 엉겅퀴는 그런 우리 인류에게 있어 처음으로 마주한 잡초였다는 이야기입니다.

014

봄망초

어떤 순간에도 좌절하지 않고
힘차게 일어서는 식물

학명	*Erigeron philadelphicus*
과(科)	국화과
개화기	봄~초여름
꽃말	추억의 사랑

봄망초ハルジオン가 피는 계절이면 이런 노래 가사가 떠오릅니다.

> 비에 젖어 파란 하늘 올려다보듯
>
> 그래도 변함없이 너는 너의 자세로
>
> 힘겨운 시간에도 이 땅에 뿌리를 내리는 너의 강인함으로……

(일본 아이돌 그룹 노기자카46乃木坂46의 곡 〈봄망초가 피는 무렵〉의 가사 일부를 의역했다._옮긴이)

봄망초는 팝송이나 가요 가사에도 자주 등장하는 꽃입니다. 봄망초와 비슷하게 생긴 식물로 개망초가 있는데, 봄망초에는 개망초에 없는 독특한 특징이 있습니다. 봄망초는 꽃봉오리일 때 고개를 아래로 떨구는 성질이 있습니다. 그러다 꽃이 피면 서서히 고개를 들어 올립니다. 마치 낙담한 채 웅크리고 있던 누군가가 무언가를 결심하고 힘차게 일어서는 것처럼 말입니다.

떨어지고 싶지 않고, 지고 싶지 않고, 언젠가는 위를 향하고 싶다. 봄망초는 그런 꽃입니다.

015

끈끈이대나물

좋아하지도 않으면서
자꾸 벌레들을 잡아두는 이상한 식물

학명	*Silene armeria*
과(科)	패랭이꽃과
개화기	봄~초여름
꽃말	덫 · 미련 · 끈질김 · 배신

끈끈이대나물ムシトリナデシコ은 원래 원예종이었지만 지금은
야생화되어 들판 곳곳에서 볼 수 있습니다. 이름에 '벌레잡
이ムシトリ'가 붙어 있지만 실제로 식충식물은 아닙니다. 줄기
에서 끈끈한 점착물질이 분비되어 벌레가 달라붙는 점이 주

목을 받아 이런 이름이 붙었습니다.

영어로는 '캐치플라이Catchfly'라고
불립니다. 우리말로는 '파리잡이' 정도
됩니다. 꽃말은 '덫'과 '배신'. 먹히는 것도
아닌데 꼼짝없이 붙잡혀 움직이지 못하게
된 벌레들의 원망이 담긴 꽃말인 듯합니다.
좋아하지도 않는데 자꾸만 잡아두는 식물.
끈끈이대나물은 그런 꽃입니다.

016

별꽃아재비

쓰레기장에서 발견된 식물이
품위 있는 이름을 얻기까지

학명	*Galinsoga quadriradiata*
과(科)	국화과
개화기	여름~가을
꽃말	불굴의 정신 · 풍요

별꽃아재비ハキダメギク는 남아메리카 원산의 귀화식물입니다. 이름이 범상치 않지요. '쓰레기장掃きだめ'이라는 뜻을 품고 있으니 민망하기 짝이 없습니다. 이 식물은 어쩌다 이런 이름을 얻었을까요? 일본에서 처음 발견된 곳이 도쿄 세타

가야구의 쓰레기 버리는 장소였기 때문이라고 합니다. 외래 식물이면서도 이름만큼은 영락없이 일본 냄새가 납니다.

흥미롭게도 이 식물은 대항해시대에 영국을 통해 유럽에 소개되었고, 큐 왕립식물원(Kew Gardens: 영국 런던 근교에 위치한 세계적인 식물원으로 1759년에 설립되었다._옮긴이)에 도입된 원예 잡초이기도 합니다. 영어 이름은 '갤런트 솔저 Gallant soldier', 우리말로 하면 '용감한 병사'입니다. 같은 식물이 한쪽에서는 '쓰레기장 풀', 다른 쪽에서는 '용감한 병사'로 불리는 셈입니다. 쓰레기장에서 발견된 식물이 한쪽에서는 '용감한 병사'로 불린다니, 별꽃아재비의 꽃말이 "불굴의 정신"인 것은 우연이 아닌 듯합니다.

017

계요등

'아가씨꽃'이라고
불러주고 싶은 이유는?

학명 → *Paederia foetida*

과(科) → 꼭두서니과

개화기 → 여름

꽃말 → 사람이 싫어 · 의외성 · 오해를 풀고 싶다

계요등은 참으로 딱한 이름을 가진 식물입니다. 한국 이름인 계요등鷄尿藤은 '닭鷄의 오줌尿 냄새가 나는 덩굴藤'이라는 뜻이며, 일본 이름인 헤쿠소카즈라ヘクソカズラ 역시 '방귀와 똥 냄새가 나는 덩굴'이니까요. 잎이나 줄기를 건드리면 고약한 냄새가 나는 데서 비롯된 이름입니다.

만엽집(万葉集: 일본에서 가장 오래된 시가집으로 7~8세기에 편찬되었다._옮긴이)에도 '구소카즈라尿葛'라는 이름으로 등장

할 만큼 그 악명이 오래되었습니다. 본래는 방귀 냄새를 뜻
하는 '헤쿠사屁臭'였는데, 시대를 거치며 지금의 이름으로 굳
어졌다고 합니다.

실제로 꽃을 들여다보면 전혀 다른 인상을 받습니다. 흰
바탕에 분홍빛이 도는 앙증맞고 청초한 꽃입니다. 그래서인
지 별명은 '사오토메바나(早乙女花: 모내기를 하는 젊은 아가씨를
뜻하는 말로 청순하고 단아한 이미지를 담고 있다._옮긴이)', 즉 '아
가씨꽃'입니다.

같은 식물이 이토록 다른 두 이름을 가졌다는 것이 참으
로 흥미롭습니다. 그 청초한 모습을 보고 있자면 계요등이라
는 이름보다 '아가씨꽃'
이라고 불러주고 싶어
집니다.

018

강아지풀

고양이도 아이들도
그냥 지나치지 못하는 앙증맞은 식물

학명	*Setaria viridis*
과(科)	벼과
개화기	여름~가을
꽃말	놀이 · 사랑스러움

강아지풀ェノコログサ의 별명은 '고양이 낚시猫じゃらし'. 털이 보송보송한 이삭을 흔들어 고양이를 놀리며 장난쳤던 데서 비롯된 이름입니다. 이삭 모양이 히게무시(ヒゲムシ: 수염처럼 긴 털을 가진 벌레라는 뜻으로, 강아지풀의 이삭 모양에 빗댄 표현이다._옮긴이)를 닮았다는 데서 유래했다는 이야기도 있습니다.

강아지풀은 아이들의 놀이 도구이기도 했습니다. 친구의 셔츠 안에 몰래 집어넣어 깜짝 놀라게 하거나, 메뚜기를 잡거나, 공처럼 던지며 놀거나…… 어린 시절 추억 속 어딘가에 반드시 강아지풀이 등장하는 것은 그 때문입니다.

이런 잡초에도 꽃말이 있습니다. 강아지풀의 꽃말은 "놀이". 이름도 꽃말도 모두 그 쓸모에 꼭 맞는 식물입니다.

49

019

닭의장풀

아침 이슬처럼 피었다 사라지는
하루의 꽃

학명	*Commelina communis*
과(科)	닭의장풀과
개화기	초여름~초가을
꽃말	존경 · 변심 · 그리운 관계

아침 이슬처럼 덧없다는 것의 상징. 닭의장풀ツユクサ은 『만엽집』에도 이런 시구로 등장합니다.

아침에 피었다 저녁이면 사라지는 닭의장풀처럼
사라져버려야 할 이 사랑을 나는 하는 것일까

닭의장풀의 꽃은 하루밖에 피지 않습니다. 정확히는 오전 중에 피었다가 오후가 되면 시들어버립니다. 그래서 이 식물은 예로부터 아침 이슬처럼 덧없는 것의 상징으로 여겨져 사람들의 마음을 사로잡아왔습니다. 사람들은 그 잎을 모아 물감으로 쓰기도 했고, 잎 속의 즙을 약재로 쓰기도 했습니다.

하루치 분량의 꽃을 이어가며 피워내는 식물. 하나하나는 덧없이 지지만 그것들이 모여 여름 내내 푸른빛을 잃지 않습니다. 사라지는 것들이 모여 이루는 아름다움, 그것이 닭의장풀입니다.

020

토끼풀

밟히면서 자라는
불굴의 식물

학명	*Trifolium repens*
과(科)	콩과
개화기	봄~초여름
꽃말	약속 · 행운 · 나를 생각해줘 · 복수

네잎클로버(토끼풀의 잎이 돌연변이로 네 장이 된 것_옮긴이)는 '행운의 상징'으로 알려져 있습니다. 그런데 네잎클로버가 길가나 자주 밟히는 곳에서 잘 발견된다는 사실을 아시나요? 사실 네잎클로버는 잘 밟히는 곳에서 자라는 것이 아니라 잘 밟히기 때문에 생겨나는 것입니다. 토끼풀*シロツメクサ*은 성장점이 땅 가까이에 있어서 밟혀 상처를 입으면 네잎클로버가 나오기 쉽습니다. 그래서 길가나 사람들이 자주 다니는 곳에서 유독 네잎클로버가 잘 보이는 것입니다.

　행운은 토끼풀처럼 밟히고 또 밟히면서 자라나는 것인지도 모릅니다.

괭이밥

그 잎으로 거울을 닦으면
사랑하는 사람의 얼굴이 비친다?!

학명	*Oxalis corniculata*
과(科)	괭이밥과
개화기	봄~가을
꽃말	기쁨 · 빛나는 마음 · 어머니의 다정함

괭이밥カタバミ의 꽃말은 '빛나는 마음'. 그 이름에 걸맞게 옛
날에는 귀한 물건을 닦는 데 괭이밥 잎을 사용했습니다. 괭
이밥 잎에는 수산(修酸: 식물에 함유된 유기산의 일종으로 금속 표
면의 산화물을 제거하는 성질이 있다._옮긴이)이 들어 있어 금속

을 닦는 데 효과적이었기 때문입니다. 실제로 동전을 닦아보면 놀랄 만큼 반짝반짝해집니다.

괭이밥 잎으로 거울을 닦으면 거울 속에 사랑하는 사람의 얼굴이 비친다는 얘기가 전해집니다. 아름다운 하트 모양의 잎에 그런 전설이 깃들어 있다니 참으로 낭만적인 식물입니다.

022

달맞이꽃

한 편의 시가 된
여름밤의 사랑

학명 — *Oenothera stricta*

과(科) — 바늘꽃과

개화기 — 여름

꽃말 — 은은한 사랑 · 변덕

달맞이꽃マツヨイグサ은 밤이 되면 피어납니다. 그 여름밤의 정취를 시인 다케히사 유메지(竹久夢二: 1884~1934, 일본의 화가이자 시인으로 다이쇼 시대를 대표하는 예술가_옮긴이)가 시로 남겼습니다.

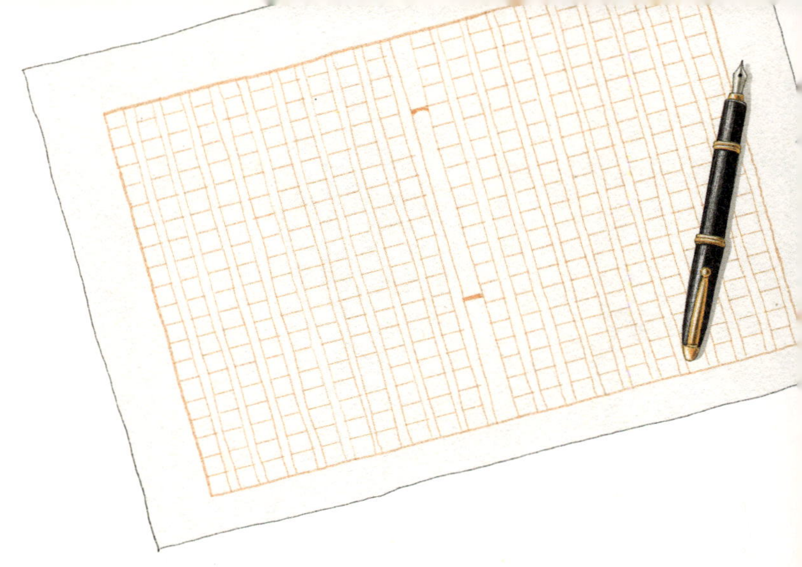

기다려도 오지 않는 그 사람을

기다리다 지쳐 오늘 밤은 달도 뜨지 않고

밤새 기다리는 풀은 참으로 딱하구나

달맞이꽃의 별명은 '기다리는 풀待宵草'. 밤이 되기를 기다려 피어나는 데서 붙여진 이름입니다. 그런데 다케히사 유메지는 이 시를 쓸 때 '기다리는 풀待宵草'을 '밤새 기다리는 풀宵待ち草'로 잘못 썼다고 합니다. 사실 처음에는 '기다리는 풀待宵草'이라고 썼지만 어감이 좋아 '밤새 기다리는 풀宵待ち草'로 바꿨다고도 전해집니다.

잘못 쓴 이름이 오히려 더 시적으로 느껴지는 것은 왜일까요.

023

하늘타리

새빨간 열매 속에 숨겨진
뜻밖의 보물은?

학명 — *Trichosanthes cucumeroides*

과(科) — 박과

개화기 — 여름

꽃말 — 성실·좋은 소식·남자다움

새빨간 열매만 눈에 띄는 식물이지만 하늘타리カラスウリ는 사실 꽃도 아름답습니다. 동요 〈잠자리〉(とんぼのめがね: 일본의 전통 동요로 잠자리 눈에 비치는 세상을 노래한 곡_옮긴이)에도 "빨갛다 빨갛다 하늘타리"라는 노랫말이 등장할 만큼 새빨간 열매로 잘 알려져 있지만 정작 꽃은 거의 알려지지 않았습니다. 하늘타리의 꽃은 밤에 피고 낮에는 지기 때문입니다. 새하얀 꽃잎 주변에 정교한 별 모양의 흰 레이스 장식이 달려 있어 더없이 우아하고 아름다운 꽃입니다.

씨앗 모양도 흥미롭습니다. 씨앗을 가만히 들여다보면

마치 결박된 문양처럼 보이기도 하고, 대흑천(大黒天: 불교와 힌두교에서 복과 재물을 관장하는 신으로 일본에서는 칠복신 중 하나로 여겨진다._옮긴이)의 얼굴처럼 보이기도 합니다. 지갑 속에 넣어두면 돈이 모인다는 이야기가 사람들의 입에 오르내리는 것은 그래서입니다. 뿌리에는 덩이뿌리가 생기는데, 뿌리에서 채취한 녹말은 아토피 치료나 베이비파우더의 원료로도 활용됩니다.

개보리

궁중 여인들이 유행시킨
풀 이름의 비밀

학명	*Elymus tsukushiensis var. transiens*
과(科)	벼과
개화기	봄~초여름
꽃말	없음

개보리カモジグサ는 '가와이(귀엽다)'라는 수식어가 붙은 식물입니다. 일본에서는 개보리의 이삭이 머리카락처럼 보인다고 하여 '가발풀'이라고 불립니다. 어느 시대든 젊은 여성들은 사물에 귀여운 수식어를 붙이길 즐겨했습니다. 일본 무로마치 시대(室町時代: 14~16세기 일본의 무로마치 막부 시대_옮긴이)의 궁중 여인들 사이에서는 '모지もじ'라고 붙여서 부르는 풍습이 있었습니다. 숟가락을 '샤모지しゃもじ', 초밥을 '스모지すもじ', 목욕 가운을 '유모지ゆもじ'라고 부르는 식이었지요.

이런 유행 속에 머리카락을 뜻하는 가미髪에도 '모지'가 붙어 가채를 가리키는 '가모지かもじ'라는 예쁜 이름이 생겨났습니다. 그리고 길게 늘어진 개보리의 이삭이 마치 여인들의 부드러운 가채를 닮았다고 하여 이 풀에도 '가모지구사'라는 서정적인 이름이 붙게 된 것입니다.

025

어성초

독초인 줄 알았는데,
사실은 명약이었다?!

- **학명** *Houttuynia cordata*
- **과(科)** 삼백초과
- **개화기** 초여름
- **꽃말** 야생 · 흰 추억

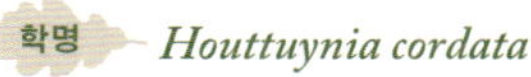

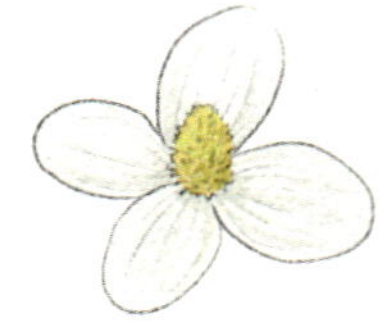

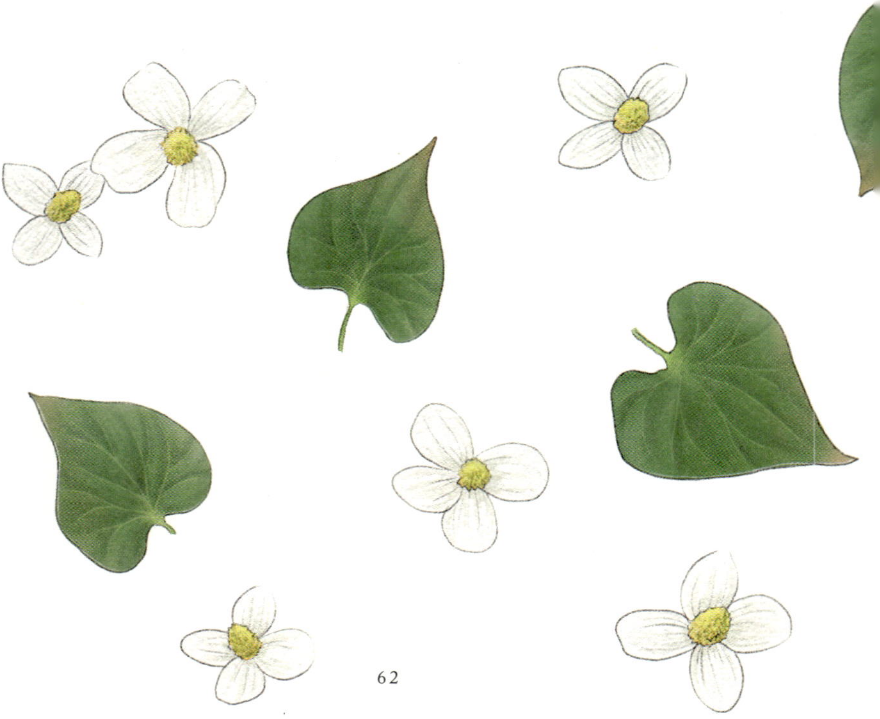

어성초ドクダミ는 그늘진 곳을 좋아해 음습한 자리에 무리 지어 자랍니다. 냄새가 독하기도 해서 무서운 독초로 오해받기 쉽지만 사실은 정반대입니다. 독을 억제하고 다스린다는 뜻에서 '독을 다스리는 풀'이라는 이름이 붙었습니다. 실은 두려운 독초가 아니라 훌륭한 약초입니다.

농사일을 돕는 소 등의 가축에게 먹이면 온갖 병에 두루 효과가 있다고 알려져 '십약(十藥: 열 가지 약효가 있다는 뜻_옮긴이)'이라는 별명도 가지고 있습니다. 물론 사람에게도 약효가 있어 실력 있는 생약으로 오랫동안 사랑받아왔습니다.

그늘진 자리를 좋아하는 식물 중에야말로 진짜 실력자가 숨어 있는 것인지도 모릅니다.

026

소리쟁이

한 글자짜리 식물 이름,
그 유래는 알려지지 않음

학명 — *Rumex japonicus*

과(科) — 마디풀과

개화기 — 봄~초여름

꽃말 — 인내 · 숨겨진 이야기 ·
발군의 재주 · 밝음

일본에서 가장 긴 식물의 이름은 '리ュ ウグウノオトヒメノモト
ユイノキリハズシ(용궁 공주님의 머리 매듭의 끝을 잘라낸 것)'입
니다. 얕은 바다에 사는 해초 아마모(アマモ: 거머리말_옮긴이)
의 또 다른 이름입니다.

반대로 가장 짧은 이름은 단 한 글자인 '이ィ'입니다. 하
지만 '이'라고만 하면 의미 전달이 어려워 보통은 풀草을 뜻
하는 '구사'를 붙여서 '이구사(イグサ: 골풀)'라고 부릅니다.

이런 한 글자 식물은 더 있습니다. '지茅'는 '가야萱'를 덧
붙여서 지가야(チガヤ: 띠)가 되었고 '에ㅗ'라는 나무도 발음이

64

불편하다는 이유로 에노키(エノキ: 팽나무)가 되었습니다. 파도 원래는 '기キ'라고 불렸는데 하얀 줄기 부분을 뿌리(네)와 비슷하다고 해서 오늘날의 네기根葱라는 이름이 붙었다고 합니다.

소리쟁이 또한 과거에는 '시シ'라는 짧은 이름으로 불렸지만 지금은 '삐걱삐걱'을 뜻하는 '기시기시ギシギシ'로 정착되었습니다. 이 독특한 이름의 정확한 어원은 아직 밝혀지지 않았습니다.

027

쇠비름

수험생들 사이에서
행운의 풀로 여겨지는 까닭은?

학명	*Portulaca oleracea*
과(科)	쇠비름과
개화기	여름
꽃말	언제나 활기차게 · 천진난만

옛날부터 채소로 재배하던 '비름'이라는 식물이 있습니다. 이
는 아마란스Amaranth와 같은 계열의 작물입니다. 쇠비름을
흔히 비름의 한 종류로 생각하기 쉽지만 생김새는 전혀 딴
판입니다. 그런데도 쇠비름이라 불리게 된 건 맛이 비름과

비슷하기 때문입니다. 쇠비름은 원예종인 채송화Portulaca와 한 집안이라 할 수 있을 만큼 가깝습니다.

잎이 다육질이라 발로 밟으면 미끄러지는데 이 특성에서 비롯된 이름입니다. 선인장과 같은 광합성 시스템을 갖추고 있어 건조한 환경에서도 좀처럼 시들지 않습니다. 이 끈질긴 생명력 덕분에 행운을 부르는 '축하의 덩굴'이라 하여 처마 끝에 장식하기도 했습니다. 어디서나 흔히 볼 수 있는 잡초지만 맛이 좋아 식용으로도 즐겨 먹어왔습니다.

한편 수험생들 사이에서는 일부러 '안 미끄러지는 풀'이라 바꿔 부르며 합격 기원을 위해 먹기도 합니다. 이름 한 글자를 바꿔 행운을 비는 재치가 재미있습니다.

028

칡

가을의 일곱 풀인가,
녹색 괴물인가

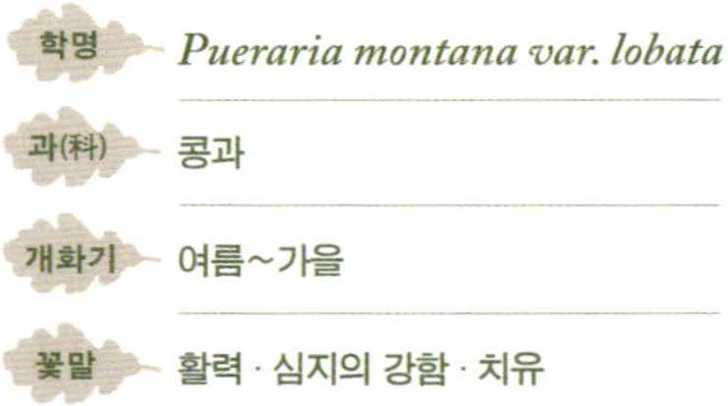

학명 — *Pueraria montana var. lobata*

과(科) 콩과

개화기 여름~가을

꽃말 활력 · 심지의 강함 · 치유

칡クズ은 가을의 일곱 풀(秋の七草: 가을을 대표하는 일곱 가지 들풀로 칡·싸리·억새·패랭이꽃·마타리·등골나물·도라지를 가리킨다._옮긴이) 중 하나입니다. 소금쟁이는 사탕 냄새가 난다고 도감에 나와 있지만 실제로는 감자튀김 냄새가 납니다. 칡꽃은 포도 향기가 난다고 도감에 나와 있지만 실제로는 포도향 탄산음료 냄새에 가깝습니다.

칡떡의 원료로도 친숙한 식물이지만 미국에서는 '그린 몬스터(녹색 괴물)'라고 불리며 침략적 외래식물로 골칫거리가 되고 있습니다.

029

질경이

길 곁에서 자라며
늘 무언가를 기다리는 식물

학명 *Plantago asiatica*

과(科) 질경이과

개화기 봄~가을

꽃말 발자취 · 발자취를 남기다

질경이オオバコ는 길가에 자라는 식물입니다. 언제나 길 곁에서 무언가를 하염없이 기다리는 모습처럼 보입니다.

독일의 기사 힐데브란트(Hildebrand: 중세 전설에 등장하는 기사_옮긴이)는 아내 에르멘트루데Ermentrud를 두고 전쟁터로 떠납니다. 그는 "내가 전쟁을 끝내고 명예롭게 돌아올 때 성문의 린덴나무(피나무) 아래에서 맞이해주오"라는 마지막 말을 남기고 떠납니다. 아내는 성문 앞에서 남편이 돌아오기만을 손꼽아 기다렸습니다. 그러나 힐데브란트는 끝내 돌아오지 않았습니다.

시간이 오래 지나 아내가 죽은 뒤 린덴나무 아래에서 질
경이가 자라기 시작했다고 합니다. 무언가를 기다리듯 언제
나 길 곁에 살아가는 꽃입니다.

030

오이풀

신에게 불려가지 못했으나
당당한 식물

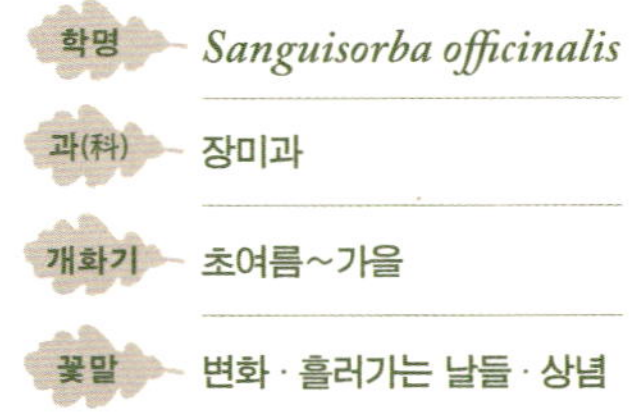

학명	*Sanguisorba officinalis*
과(科)	장미과
개화기	초여름~가을
꽃말	변화 · 흘러가는 날들 · 상념

오이풀ワレモコウ은 장미과의 꽃이지만 그다지 눈에 띄지 않습니다. 한자로는 '오역홍吾亦紅'이라고 씁니다. 신이 붉은 꽃을 모아들일 때 자신도 붉다고 주장했지만 끝내 불려가지 못한 오이풀. 그래서 '나도 붉다吾亦紅'라는 이름이 붙었다는 이야기가 전해집니다.

실제로 오이풀은 수수하고 작은 꽃입니다. 그러나 가을 들판에서 유독 눈에 띄는 존재감이 있어 예로부터 시가의 소재로 자주 등장했고, 생화 꽃꽂이 소재로도 즐겨 쓰입니다. 확실히 '나도 또한 붉다'라고 스스로를 내세울 만한 꽃입니다.

031

꽃무릇

묘지에 피는 꽃에 담긴
뜻밖의 사연

학명	*Lycoris radiata*
과(科)	수선화과
개화기	초가을
꽃말	정열 · 슬픈 추억 · 독립

꽃무릇マンジュシャゲ은 추분 무렵 어김없이 피어나는 꽃입니다. 꽃무릇은 씨앗이 생기지 않아 스스로 분포를 넓힐 수 없습니다. 각지에서 볼 수 있는 것은 예로부터 사람들이 이 식물을 귀하게 여겨 꾸준히 심어왔기 때문입니다.

구근에는 독성이 있지만 물에 헹궈 독을 제거하면 풍부한 전분을 얻을 수 있습니다. 기근이 들 때를 대비해 비상식량으로 심어온 것입니다. 흔히 묘지에 주로 피어 있어 불길한 꽃이라는 오해를 사기도 하지만 사실 절이나 고지대의 묘지는 마을 사람들의 마지막 피난처였습니다. 꽃무릇은 굶주림으로부터 사람을 구해주는 귀한 식물이었던 셈입니다.

꽃무릇은 두더지나 들쥐를 쫓아 묘지를 보호하고 강한 뿌리로 제방이 무너지지 않게 지탱하는 역할도 했습니다. 붉게 수놓인 꽃길 아래에는 그 땅을 지키고자 했던 옛사람들의 깊은 배려가 담겨 있습니다.

032

미국미역취

악당 취급받지만
고향에서는 사랑받는 꽃

학명	*Solidago canadensis var. scabra*
과(科)	국화과
개화기	가을
꽃말	원기 · 생명력 · 자기 자신에게도 친절하게

미국미역취セイタカアワダチソウ는 외래 잡초의 대명사이자 생태계의 악당으로 취급받곤 합니다. 하지만 원산지인 미국에서는 고향의 꽃으로 큰 사랑을 받으며 네브래스카주에서는 주화州花로 선정되기도 했습니다.

미국미역취는 뿌리에서 다른 식물을 억제하는 독성 물질을 내뿜습니다. 미국에서 함께 진화해온 식물들에게는 아무 일도 아니었지만 이 물질을 처음 접한 다른 지역의 토착 식물들은 속수무책으로 당할 수밖에 없었습니다. 그 덕분에 미국미역취는 순식간에 세력을 크게 넓혔습니다.

이 세상에 영원한 강자는 없습니다. 결국 미국미역취는 자신이 내뿜은 독성 물질에 스스로 중독되어 예전만큼 세력을 떨치지 못하게 되었습니다. 최근에는 오히려 기세가 꺾이며 앙증맞은 들꽃으로 재평가받고 있고 꽃꽂이 소재로도 인기를 끌고 있습니다.

033

개여뀌

'쓸모없다'라는 이름을 달고도
꽃말은 "당신에게 쓸모 있는 존재가 되고 싶다"

학명	*Persicaria longiseta*
과(科)	마디풀과
개화기	초여름~가을
꽃말	당신에게 쓸모 있는 존재가 되고 싶다

식물 이름 앞에 '개犬'가 붙는 것들이 있습니다. 곡물인 보리에 대응하는 '개보리', 꽈리와 닮은 '개꽈리', 참깨와 비슷한 '개참깨' 등 종류도 다양합니다. 이름에 '개'가 붙었다는 건 대개 유용한 식물과 생김새는 비슷하지만 정작 사람에게는 별

반 '도움이 되지 않는다'는 뜻입니다.

개여뀌ィヌタデ 역시 잡초로 취급받는 식물입니다. 하지만 개여뀌의 분홍빛 꽃은 소박하고도 아름답습니다. 옛 아이들은 이 꽃을 훑어 '빨간 밥'이라고 부르며 소꿉놀이를 즐기곤 했습니다.

사실 식재료로서 개여뀌는 쓸모가 없습니다. '진짜 여뀌'인 참여뀌ホンタデ는 톡 쏘는 매운맛 덕분에 생선회의 곁들임이나 생선구이의 고명으로 귀하게 쓰이지만 개여뀌는 아무런 맛도 없기 때문입니다. 오직 그 이유만으로 개여뀌는 오랜 시간 '도움 안 되는 식물'이라 불려왔습니다.

그런 개여뀌의 꽃말을 들여다보면 이 식물이 참 기특합니다. 쓸모없다는 이름을 달고도 개여뀌가 품은 꽃말은 "당신에게 도움이 되고 싶다"이기 때문입니다.

034

겨우살이

크리스마스에
이 식물 아래서 키스를 하면?

학명	→	*Viscum album*
과(科)	→	단향과
개화기	→	봄
꽃말	→	인내 · 곤란에 맞서 · 나에게 키스해줘

잎을 다 떨궈낸 공원 나무의 앙상한 가지 위로 푸른 빛을 띠는 식물이 보일 때가 있습니다. 바로 겨우살이ヤドリギ입니다. 다른 나무의 가지에 뿌리를 내리고 영양분을 조금씩 얻어쓰는 기생 식물이라 겨울에도 시드는 일이 없습니다.

영화 〈토이 스토리〉의 마지막 장면에서 우디와 양치기 소녀 보가 크리스마스 키스를 나눌 때 양들이 입에 물고 있던 것이 겨우살이였습니다. 또한 영화 〈해리 포터와 불사조 기사단〉에서도 해리와 그가 동경하던 소녀 초 챙이 첫 키스를 할 때 두 사람의 머리 위로 신비롭게 늘어져 있던 식물 역시 겨우살이였습니다.

　서양에서는 예로부터 겨우살이 아래에서 만난 남녀는 키스해도 좋다는 낭만적인 관습이 전해 내려옵니다. 남성들은 사랑을 고백하고 싶은 여성을 겨우살이 아래로 이끌기도 했습니다. 크리스마스 밤 이 나무 아래에서 남녀가 키스하면 영원히 행복해진다는 전설 덕분에 겨우살이는 로맨틱한 영화나 드라마에 빠지지 않는 소재가 되었습니다.

신화와 전설이
꽃이 되어
정원에 피다

035

팬지

처음 본 사람과 사랑에 빠지게 만드는
마법의 꽃

학명	*Viola × wittrockiana*
과(科)	제비꽃과
개화기	겨울~봄
꽃말	상념 · 나를 생각해줘

팬지パンジー를 영어권에서는 흔히 'Love-in-idleness(한가로운
사랑)'라고 합니다. 또 'Kiss me at the garden gate(정원 문가에
서 키스해줘)', 'Jump and kiss me(달려와 키스해줘)', 'Kiss me(키
스해줘)'라는 별칭으로도 불립니다. 팬지 꽃의 중심부를 꽃잎

이 감싸는 모양이 키스를 연상시켜 이런 이름이 붙었습니다.

　서양의 전설에 따르면 천사들이 꽃에 세 번 키스를 한 덕분에 지금의 팬지가 아름다운 세 가지 색을 띠게 되었다고 합니다. 19세기에는 사색하는 사람을 연상시키는 사람의 얼굴을 닮은 품종이 만들어지기도 했습니다. 팬지라는 이름은 프랑스어로 ‘생각’을 의미하는 ‘팡세Pensée’에서 유래한 것입니다.

　셰익스피어의 희곡 「한여름 밤의 꿈」에서 팬지꽃의 즙은 사랑의 묘약으로 등장합니다. 팬지의 즙을 눈꺼풀에 바르면 잠에서 깬 사람은 눈을 떠서 처음으로 본 사람과 사랑에 빠진다는 내용입니다.

　그런데 이 강력한 사랑의 마법을 깨뜨리는 해독제가 우리 주변에서 흔히 볼 수 있는 쑥이었다는 사실은 흥미로운 반전입니다.

수선화

자기 자신과 사랑에 빠진
미소년 이야기

학명	*Narcissus*
과(科)	수선화과
개화기	겨울~봄
꽃말	자기애 · 우쭐함 · 자존심

수선화スイセン의 학명은 나르키소스Narcissus입니다. 자기 자신에 도취된 사람을 '나르시시스트'라고 부르는데 나르키소스가 그 말의 어원입니다.

수선화는 그리스 신화에 등장하는 미소년 나르키소스의 이름을 딴 식물입니다. 많은 여성이 나르키소스에게 사랑을 고백했지만 그는 상대방에게 눈길조차 주지 않았습니다. 결국 그에게 상처 입은 이들의 간절한 기도를 들은 복수의 여신은 나르키소스가 다른 누군가가 아닌 오직 자기 자신만을 사랑하게 하는 저주를 내립니다. 샘물에 비친 제 모습과 지독한 사랑에 빠진 그는 수면에 비친 자신의 환상을 갈망하다가 그 자리에서 숨을 거두고 맙니다. 그가 떠난 자리에 피어난 꽃이 바로 수선화입니다. 수선화가 물가에서 고개를 숙인 채 피어나는 모습은 마치 지금도 수면을 들여다보며 제 모습에 넋을 잃은 소년을 떠올리게 합니다.

한편 고대 중국에서는 물가에 핀 이 꽃의 고고한 아름다움을 두고 '물의 신선'이라는 의미의 수선水仙이라는 이름을 붙여주었습니다.

037

아네모네

사랑에 상처 입고 꽃으로 변한
소녀의 이야기

학명 — *Anemone coronaria*

과(科) — 미나리아재비과

개화기 — 봄

꽃말 — 당신을 사랑합니다 ·
덧없는 사랑 · 사랑의 괴로움

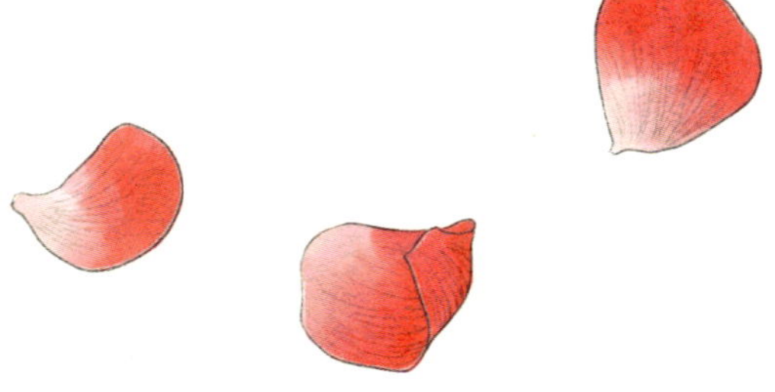

아네모네アネモネ라는 이름은 라틴어 '바람의 아이'에서 유래

했습니다. 영어로는 '윈드플라워windflower', 즉 '바람의 꽃'입

니다. 씨앗에 솜털이 달려 있어 바람에 실려 멀리 날아가기

때문에 이런 이름이 붙었습니다.

꽃말은 '덧없는 사랑', '사랑의 괴로움'. 이름에 걸맞게 슬
픈 전설이 전해집니다. 사랑하는 이를 잃은 소녀의 눈물에서
피어난 꽃이라는 이야기, 또는 사랑에 상처받은 소녀가 꽃으
로 변했다는 이야기가 그것입니다. 덧없는 사랑, 사랑의 괴
로움을 담은 꽃말과 함께 슬픈 전설이 지금껏 전해 내려옵
니다.

038

수레국화

꽃점으로
사랑을 확인하는 꽃

학명 ▶ *Centaurea cyanus*

과(科) ▶ 국화과

개화기 ▶ 봄~여름

꽃말 ▶ 우아함 · 섬세함 · 교육 ·
독신 생활

수레국화ヤグルマギク는 수줍은 남성의 꽃점으로 유명합니다.
꽃의 여신 플로라Flora에게 헌신한 꽃으로, 그리스 신화에 등
장하는 키아노스(Cyanus: 그리스 신화에 등장하는 청년으로 플로
라를 사랑하다 죽은 뒤 수레국화로 변했다고 전해진다._옮긴이)가

죽은 뒤 꽃으로 변했다는 전설이 있습니다. 꽃말은 "독신 생활". 영국에서는 미혼 남성이 이 꽃을 옷깃에 달고 다니는 풍습이 있었다고 합니다.

꽃점은 보통 여성이 하는 것으로 알려져 있지만 수레국화의 꽃점은 남성이 합니다. 남성이 주머니에 넣어둔 꽃이 살아 있으면 상대 여성과 결혼하고, 시들어버리면 그 여성은 다른 남성과 결혼한다고 점치는 것입니다.

039

크로커스

사랑하는 소년이
꽃이 되기까지

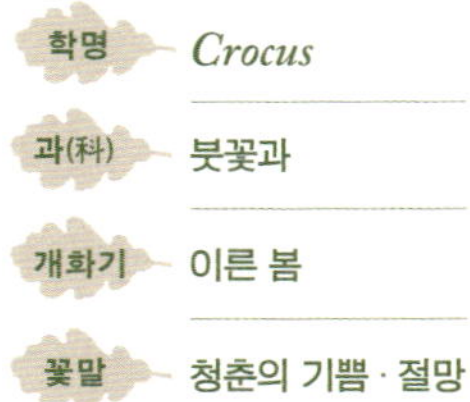

학명	*Crocus*
과(科)	붓꽃과
개화기	이른 봄
꽃말	청춘의 기쁨 · 절망

크로커스クロッカス의 이름은 그리스 신화의 미소년에서 유래했습니다. 크로커스는 신들의 반대로 사랑하는 소녀와 결혼하지 못하자 절망한 나머지 스스로 목숨을 끊고 맙니다. 가련하게 여긴 꽃의 여신 플로라는 소년을 크로커스로, 아가씨를 청미래덩굴Smilax로 바꾸어주었습니다. 그들의 애틋한 인연 때문일까요. 고대 그리스에서 크로커스와 청미래덩굴은 '결혼식을 상징하는 꽃'이 되었습니다.

그리스 신화에서는 크로커스나 수선화, 히아신스 등을 대부분 소녀가 아닌 소년에 비유합니다. 흥미로운 가설이 하

나 전해지는데, 땅속에 묻힌 동그란 구근(알뿌리)의 형태를
남성의 고환에 비유했기 때문이라고 합니다.

벚나무

신령한 나무인가,
복수의 나무인가

벚꽃은 누구나 사랑하는 봄꽃입니다. 옛사람들은 봄이 되면 산에서 내려오는 풍요의 신이 벚나무에 깃든다고 믿었습니다. '사쿠라さくら'라는 이름도 '신이 앉는 곳座'이라는 뜻에서 비롯되었다는 이야기가 있습니다. 사람들은 벚나무 아래

에서 신에게 풍작을 빌며 음식을 나누고 노래를 불렀습니다. 이것이 오늘날 꽃놀이의 기원이라고 합니다.

한편 무섭고 섬뜩한 이야기도 전해집니다. 옛날 사람들은 벚나무를 배신당한 여성이 남성을 저주하는 나무로 여겼고, 인형을 벚나무에 못 박아 저주하는 풍습도 있었다고 합니다. 그럼에도 벚꽃이 이토록 아름다운 것은 오랜 세월 수많은 사람의 그리움과 간절함이 켜켜이 쌓여 있기 때문인지도 모릅니다.

041

황매화

도롱이 한 벌을 빌리려다
시 한 수를 얻다

학명	*Kerria japonica*
과(科)	장미과
개화기	봄
꽃말	기품·숭고·금운

황매화ヤマブキ는 예로부터 사랑받아온 아름다운 꽃입니다. '황매화색山吹色'이라는 색 이름의 유래가 된 꽃이기도 합니다. 어느 날 한 무장이 비에 흠뻑 젖은 채 근처 오두막을 찾아 도롱이를 빌리려 했습니다. 그런데 그곳에 있던 어린 소

녀는 도롱이 대신 황매화 꽃가지 하나를 내밀었습니다. 영문을 모른 채 화를 내며 돌아선 무장은 한참이 지나서야 비로소 그 뜻을 깨달았습니다. 소녀는 꽃가지를 내밀며 옛 와카和歌의 한 구절을 빌려 말하고 싶었던 것입니다.

七重八重花は咲けども山吹の実のひとつだになきぞ悲しき

(일곱 겹 여덟 겹 꽃은 피어도 황매화는 열매 하나 맺지 못하니 슬프구나)

겹겹이 꽃은 피지만 열매를 맺지 못하는 황매화처럼 자신에게는 빌려드릴 도롱이 하나 없는 가난함을 에둘러 전한 것이었습니다. 무장은 자신의 무지를 깊이 부끄러워했다고 전해집니다.

042

철쭉

아름다운 꽃에 어울리지 않는
한자의 비밀

학명	*Rhododendron*
과(科)	진달래과
개화기	봄
꽃말	절도 · 삼감 · 절제

철쭉은 한자어로 척촉躑躅이라고 쓰기도 합니다. 장미薔薇나 포도葡萄, 창포菖蒲 등 식물 이름에 읽기 어려운 한자가 쓰이는 일은 종종 있지만 대개는 풀을 의미하는 초두머리艹가 붙어 있어 식물임을 짐작하게 합니다.

그런데 철쭉躑躅은 두 글자 모두에 발을 의미하는 발 족足변이 붙어 있습니다. 본래 이 글자는 식물 이름이기 이전에 '제자리에서 머뭇거리다'라는 뜻을 가진 동사입니다. 우리가 흔히 쓰는 '주저躊躇하다'와 일맥상통하는 말입니다.

꽃이 얼마나 아름다웠으면 길 가던 이가 무심코 발걸음을 멈추고 머뭇거렸을까요.

043

작약

〈해리 포터〉에도 등장하는
전설의 약초

학명 — *Paeonia lactiflora*

과(科) 작약과

개화기 초여름

꽃말 부끄러움 · 신중함 · 겸손

영화 〈해리 포터〉에는 뽑으려고 하면 무시무시한 비명을 지르는 식물이 등장합니다. 그 소리를 들은 자는 반드시 죽게 된다는 전설이 전해 내려오는 가짓과의 만드라고라Mandragora입니다.

사실 작약芍藥에도 이와 비슷한 전설이 있습니다. 고대 로마에서는 작약을 뽑을 때 꽃이 내뱉는 엄청난 소리를 들으면 죽음에 이른다는 괴담이 돌았습니다. 사람들이 작약을 채취할 때 개를 줄기에 묶은 뒤 고기로 유인해 대신 뿌리를 뽑게 한 것도 그런 이유에서였습니다. 물론 이는 전설일 뿐이지만 이런 무시무시한 이야기가 만들어질 만큼 작약이 구하기 어렵고 값비싼 약재였음을 짐작하게 합니다.

그리스 신화에서도 작약은 특별한 존재였습니다. 의술의 신 패온Paeon은 저승 세계 왕의 상처까지 치료했다고 전해지는데 작약의 학명인 파에오니아Paeonia 역시 그의 이름에서 유래했습니다. 동양에서도 작약은 한자로 '좋고 즐거운 약'이라는 뜻을 담고 있습니다. 본래는 이처럼 귀한 약초로 대접받았으나 이후 꽃의 아름다움을 즐기기 위한 관상용 품종으로도 널리 사랑받게 되었습니다.

044

모란

'앉으면 모란'은
왜 남성을 뜻하게 되었을까

학명	*Paeonia suffruticosa*
과(科)	작약과
개화기	초여름
꽃말	부귀 · 고귀 · 부끄러움

예로부터 사람들은 아름다운 미인을 두고 "앉으면 모란, 서면 작약, 걷는 모습은 백합"이라고 일컫곤 했습니다.

작약은 줄기를 곧게 뻗어 위를 향해 꽃을 피우는데 그 늘씬한 자태가 미인의 서 있는 모습과 닮았습니다. 반면 모란은 무성한 잎 사이로 옆을 향해 풍성하게 꽃을 피우기에 앉아 있는 우아한 모습에 비유되었습니다. 백합은 고개를 살짝 숙인 채 바람에 일렁이는 모습이 마치 사뿐사뿐 걷는 여인의 걸음걸이처럼 품격 있게 느껴집니다.

흥미로운 점은 미인의 상징인 모란의 한자 표기입니다. 모란은 한자로 牡丹(모단)이라 쓰는데 여기에 수컷牡을 의미하는 글자가 들어갑니다. 단丹은 붉은색을 뜻하므로 글자 그대로 풀이하면 '붉은 수컷'인 셈입니다.

045

빈도리

향기도 없는데
왜 '향기로운 울타리'로 불릴까

학명	*Deutzia crenata*
과(科)	수국과
개화기	초여름
꽃말	고풍 · 풍정 · 비밀

"빈도리꽃 향기 나는 울타리에 두견새

벌써 와서 울며 남몰래 소리 흘리니 여름은 왔도다"

일본의 유명한 창가 〈여름은 왔도다夏は来ぬ〉(옮긴이: 1896년 발표된 일본의 대표적인 창가로 여름의 정취를 노래한 곡이다._옮긴이)는 격조 높고 아름다운 노랫말로 사랑받지만 다른 한편으로 참 많은 수수께끼를 품은 노래이기도 합니다. 우선 제

목부터가 그렇습니다. '여름이 왔도다'를 의미하는 '기누来ぬ'
는 '고누'라고 읽으면 오지 않는다는 부정의 의미로도 해석
될 수 있어 여름이 왔다는 건지 오지 않았다는 건지 헷갈리
게 하기 쉽습니다.

또 다른 수수께끼는 가사 속 "향기 나는 빈도리꽃 울타
리"라는 대목입니다. 실제 빈도리꽃에는 향기가 거의 없기
때문입니다. 과거에 '향기 나다匂う'라는 말은 단순히 코로
맡는 냄새만을 뜻하지 않았습니다. 꽃이 흐드러지게 피어 그
빛깔이 눈부시게 빛나는 시각적인 아름다움을 표현할 때도
'향기 난다'는 표현을 즐겨 썼습니다.

향기 없는 꽃에서 눈부신 아름다움의 향기를 찾아냈던
옛사람들의 섬세한 시선이 이 짧은 노래 가사에 고스란히
담겨 있습니다.

105

046

글라디올러스

검투사들이 시합이나 전투에 나갈 때
품었던 꽃

글라디올러스グラジオラス는 잎이 검처럼 생겼습니다. 구근은
방패와 비슷합니다. 고대 로마의 콜로세움에서 검투사들이
무기로 쓰던 검을 라틴어로 '글라디우스gladius'라 했고, 이 꽃
의 이름도 이 단어에서 유래했습니다. 검투사들은 '글라디에

106

이터gladiator'로 불렸습니다.

이 글라디우스에서 이름을 따온 것이 글라디올러스입니다. 잎의 모양이 검을 닮은 데서 붙여진 이름입니다. 구근은 방패와 비슷하게 생겼다고 하여 '편물무늬의 방패'로도 불렸습니다. 중세 병사들은 출정할 때 이 구근을 부적으로 몸에 지녔다고 합니다.

047

붓꽃

어느 쪽이 더 아름다운지 가릴 수 없는
세 자매 꽃

학명	*Iris sanguinea*
과(科)	붓꽃과
개화기	봄~초여름
꽃말	좋은 소식 · 메시지

‘둘 다 뛰어나 어느 쪽이 낫다고 말하기 어렵다’라는 의미의 “붓꽃인가 제비붓꽃인가いずれアヤメかカキツバタ”라는 표현이 있습니다. 붓꽃, 제비붓꽃, 꽃창포 세 종류는 생김새가 매우 비슷합니다. 제비붓꽃은 물이 고이는 습지에서, 꽃창포는 습한 초원에서, 붓꽃은 배수가 잘되는 풀밭에서 자라지만 정원에서는 세 종류 모두 비슷하게 자랍니다.

세 종류를 구별하는 핵심은 꽃잎 아래쪽의 무늬입니다. 제비붓꽃은 흰색, 꽃창포는 노란색 무늬가 있으며 붓꽃에는 그물 무늬가 있는 점이 특징입니다.

과거에 한 무사가 천황의 명령을 받고 수많은 미녀 중에서 붓꽃과 이름이 같은 아야메라는 여성을 찾아내야 했습니다. 그때 무사는 “오월 장맛비에 늪가의 줄풀이 물에 잠겨 어느 것이 아야메(붓꽃)인지 가려내기 어렵구려”라는 노래를 읊었습니다. 그러자 자신의 이름이 불리는 것을 들은 아야메가 부끄러움에 볼을 붉혔고 그 덕분에 무사는 어렵지 않게 아야메를 찾을 수 있었다고 합니다.

048

라벤더

고대 로마인들이
목욕할 때 즐겨 쓰던 꽃

학명	*Lavandula*
과(科)	꿀풀과
개화기	초여름
꽃말	기대 · 침묵 · 당신을 기다립니다

라벤더ラベンダー의 이름은 라틴어 '씻다lavare'에서 유래했습니다. 고대 로마인들은 공중목욕탕을 즐겨 찾았는데, 목욕할 때 라벤더를 향수처럼 사용했습니다. 로마 제국이 무너진 뒤 유럽에서는 목욕하는 문화가 사라졌고 깨끗한 물이 귀했습

니다. 비누나 향수는 값비싼 사치품이었지만 라벤더는 어디서나 키울 수 있었습니다. 그래서 체취를 감추기 위해 라벤더 향기가 사용되었다고 합니다.

049

수국

토양에 따라
색이 바뀌는 변덕쟁이 꽃

학명	*Hydrangea macrophylla*
과(科)	수국과
개화기	초여름
꽃말	변심 · 무정 · 변절

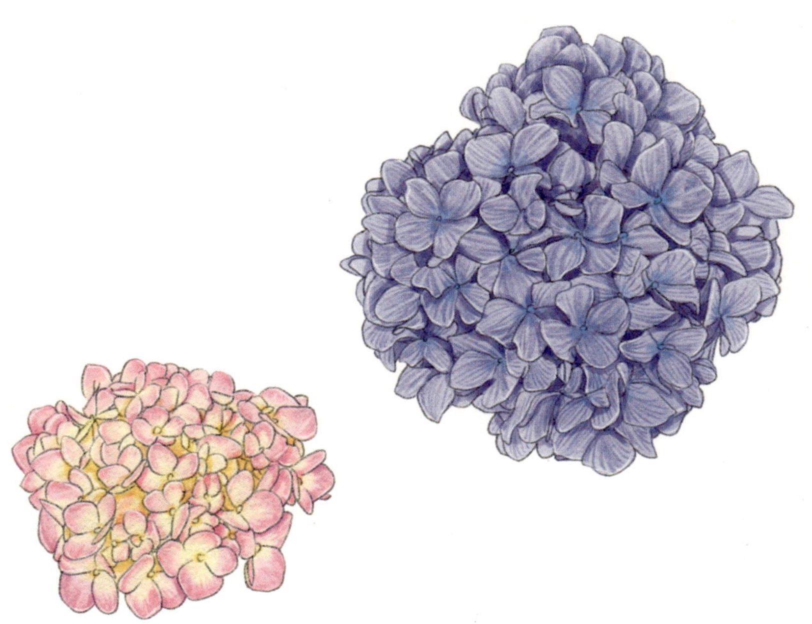

수국アジサイ의 꽃말은 "변심". 청자색에서 붉은 자색으로, 다시 붉은색으로 색이 변해가는 데서 비롯된 말입니다. 꽃 색깔이 바뀌는 것은 토양의 산성도 때문입니다. 산성 토양일수록 꽃 색이 세포 속 산성도에 따라 파랗게 변하고 알칼리성 토양일수록 붉은 자색으로 핍니다. 19세기 식물학자 지볼트(Philipp Franz von Siebold: 독일 출신의 의사이자 박물학자로 유럽에 아시아 식물을 널리 소개했다._옮긴이)는 이 아름다운 파란 수국을 유럽에 알렸습니다. 그는 수국에 연인의 이름을 딴 학명을 붙였지만 안타깝게도 지금은 쓰이지 않게 되었습니다.

치자나무

바둑판과 장기판 속에
숨겨진 비밀

학명	*Gardenia jasminoides*
과(科)	꼭두서니과
개화기	초여름
꽃말	매우 행복합니다 · 세련 · 우아

고급 바둑판이나 장기판은 목질이 단단하고 결이 아름다운 비자나무로 만듭니다. 한데 판을 받치는 발은 치자나무 열매 모양을 본떠 만듭니다. 일본어로 치자나무를 뜻하는 '구치나시クチナシ'가 '입이 없다口無し'와 발음이 같기 때문입니다. 대국 중 옆에서 훈수를 두지 말라는 경고가 담겨 있는 셈입니다. 판의 뒷면에 파인 구덩이는 '피를 담는 곳'이라고 불리는데, 훈수를 두다 목이 잘린 사람의 머리를 놓아두는 자리라고 전해집니다. 사실 이 구덩이가 장기 말을 놓을 때 좋은 소리가 울리게 하는 역할을 합니다.

051

물망초

급류에 휩쓸리며 꽃을 던진
기사의 마지막 말

학명	*Myosotis*
과(科)	지치과
개화기	봄~초여름
꽃말	나를 잊지 말아요 · 진실의 사랑

자연계에 파란 꽃은 드뭅니다. 물망초ワスレナグサ는 그 희
귀한 파란 꽃으로 사람들을 매료시켜왔습니다. 영어로는
"Forget-me-not", 즉 "나를 잊지 말아요"입니다. 연인을 위
해 도나우강 강변의 파란 꽃을 꺾으러 간 기사가 급류에 휩

쓸리면서도 꽃을 연인에게 던지며 "나를 잊지 말아요!"라고 외쳤다고 전해집니다.

물망초와 관련한 또 다른 전설이 있습니다. 어느 날 푸른 꽃을 발견한 양치기 앞에 여신이 나타났습니다. 여신은 황금이 가득 쌓인 동굴로 양치기를 이끌었습니다. 여신은 "원하는 만큼 가져가도 좋다. 다만 소중한 것을 잊지 말아라"라고 말했습니다. 하지만 황금에 정신이 팔려 있던 양치기는 푸른 꽃을 잊어버렸고 무너진 동굴에 갇히고 맙니다.

푸른 꽃은 조용히 묻습니다. '당신이 절대 잊어서는 안 될 소중한 것은 무엇인가'라고.

052

원추리

꽃의 아름다움으로
근심을 잊다

학명	*Hemerocallis fulva*
과(科)	원추리과
개화기	초여름
꽃말	슬픔을 잊는다 · 기품 · 결의

원추리カンゾウ는 '망우초忘憂草', 즉 '근심을 잊게 하는 풀'이라
고 불립니다. 예로부터 시가에도 자주 등장하는 꽃인데, '꽃
의 아름다움으로 근심을 잊는다'라는 뜻에서 이 이름이 붙었
다고 합니다. 원추리는 백합과 비슷하게 생겨 예전에는 백합
과로 분류되었으나 지금은 전혀 다른 과로 분류됩니다. 최근
연구에 따르면, 포유류의 고래와 물고기가 외형은 비슷하지
만 서로 다른 분류군인 것처럼 원추리도 비슷한 형태로 진
화한 결과라고 합니다.

시계꽃

헬리코니우스 나비와 독을 두고
서로 속고 속인다는데?!

학명	*Passiflora caerulea*
과(科)	시계꽃과
개화기	초여름~가을
꽃말	성스러운 사랑 · 신앙

시계꽃トケイソウ의 잎자루 부분에는 사마귀처럼 생긴 작은 돌기가 있습니다. 본래 시계꽃은 독 성분으로 자신을 보호하지만 헬리코니우스 나비는 그 독에 내성을 가질 뿐 아니라 오히려 그 독을 섭취해 무기로 삼습니다.

　이에 대항해 시계꽃이 선택한 전략은 '기만'입니다. 잎에 돋아난 돌기는 헬리코니우스의 알 모양을 흉내 낸 것입니다. 그것을 본 헬리코니우스가 다른 알이 있다고 착각해서 산란을 포기하도록 유도하는 것입니다. 이처럼 시계꽃과 헬리코니우스는 오랜 세월 상대방의 수를 읽으며 서로 속고 속이는 생존의 드라마를 이어오고 있습니다.

054

피튜니아

꽃말이
"사악한 자"인 이유

학명	*Petunia*
과(科)	가짓과
개화기	봄~가을
꽃말	마음의 안식 · 당신과 함께 있으면 마음이 편합니다

피튜니아ペチュニア는 무늬가 다양하고 색도 화려해 얼핏 보면 그 속을 알기 어려운 꽃입니다. 피튜니아라는 이름은 소설 『해리 포터』에서 조카를 괴롭히던 이모의 이름이기도 합니다. 아름다운 피튜니아 꽃과는 어울리지 않는 이름이라는 생각도 듭니다. 무엇보다 피튜니아의 꽃말은 "당신과 있으면 마음이 편안해집니다"이니까요.

피튜니아에 줄무늬가 있다면 이야기는 달라집니다. 줄무늬가 있는 피튜니아의 꽃말은 다름 아닌 "방해꾼"이기 때문입니다.

채송화

씨앗이 철가루처럼 작은
남아메리카의 꽃

학명	*Portulaca grandiflora*
과(科)	쇠비름과
개화기	여름
꽃말	천진난만 · 인내 · 귀여움

채송화マツバボタン는 남아메리카 원산으로 씨앗이 철가루처럼 작습니다.

이와 관련해 재미있는 옛날이야기가 전해 내려옵니다. 어느 노부부의 도움을 받아 목숨을 건진 승려가 있었습니다. 그는 노부부에게 답례로 채송화 씨앗을 선물했습니다. 그들은 씨앗을 소중히 키웠지만 어느 날 누군가에게 도둑맞습니다. 그 소식을 들은 영주가 한 가지 꾀를 냈습니다. 그는 사람들에게 채송화 씨앗을 골고루 나누어준 뒤 꽃이 피면 보여주러 오라고 했습니다.

영주가 사람들에게 나누어준 것은 사실 씨앗이 아니라 철가루였습니다. 얼마 후 자신이 받은 채송화 씨앗이 꽃을 피웠다며 자랑하러 온 사람이 있었습니다. 영주는 그가 노부부의 채송화 씨앗을 훔쳐간 도둑임을 간파했습니다. 채송화 씨앗이 철가루와 구별하기 힘들 정도로 작기 때문에 생겨난 이야기입니다.

056

서양톱풀

5만 년 전 네안데르탈인도
이 꽃을 무덤에 바쳤다는데?!

이라크 북부에서 발견된 약 5~6만 년 전 네안데르탈인의 유
골 옆 동굴 속에서 이 식물의 꽃가루가 대량으로 발견되었
습니다. 죽은 자를 위해 꽃을 바친 것인지는 아직 밝혀지지
않았습니다. 그러나 사랑하는 사람을 잃었을 때의 슬픔은 네

안데르탈인도 우리와 다르지 않았을 것입니다. 이 유적에서
발견된 꽃가루가 서양톱풀의 씨앗에서 나온 것이라는 점이
참으로 인상 깊습니다.

057

협죽도

원폭의 폐허 속에서
가장 먼저 꽃을 피운 생명의 나무

학명 — *Nerium oleander*

과(科) — 협죽도과

개화기 — 여름

꽃말 — 방심 · 위험 · 용심

협죽도キョウチクトウ는 히로시마의 상징 꽃으로 선정되었습니다. 1945년 8월 원자폭탄이 투하된 뒤 히로시마 시내는 초토화되어 풀 한 포기 자라지 않을 것이라고 했지만, 그 이듬해에 바로 협죽도가 선명하고 화사한 꽃을 피워냈기 때문입니다. 협죽도는 히로시마 사람들에게 희망과 용기를 준 꽃입니다. 이 꽃은 지금도 매년 8월의 무더운 여름, 쉬지 않고 피어납니다.

나팔꽃

멘델보다 먼저
유전의 법칙을 발견했던 사람들

나팔꽃ァサガォ은 성장하는 동안 태양의 움직임을 좇듯 방향을 바꿉니다. 그 모습이 성장의 증거라고 할 수 있습니다. 유럽에서는 원예가 귀족의 취미였지만 나팔꽃 원예는 서민에게도 널리 퍼져 다양한 품종을 만들어냈습니다. 놀라운 것은

당시 원예 애호가들이 멘델(Gregor Mendel: 19세기 오스트리아의 수도사이자 식물학자로 완두콩 실험을 통해 유전 법칙을 발견한 것으로 알려져 있다._옮긴이)보다 앞서 유전의 법칙을 파악하고 있었다는 점입니다. 하급 무사들조차 유전의 원리를 활용해 수많은 새로운 품종을 만들어냈으니 참으로 대단한 일입니다.

059

새삼

라면처럼 생긴
기생식물의 정체는?

학명	*Cuscuta*
과(科)	메꽃과
개화기	여름~가을
꽃말	비열

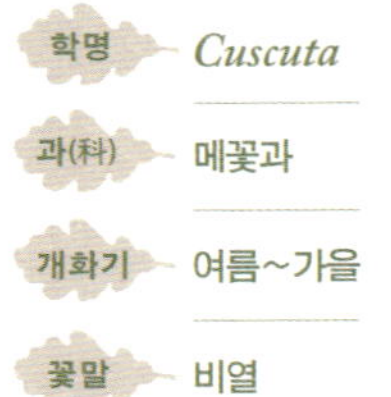

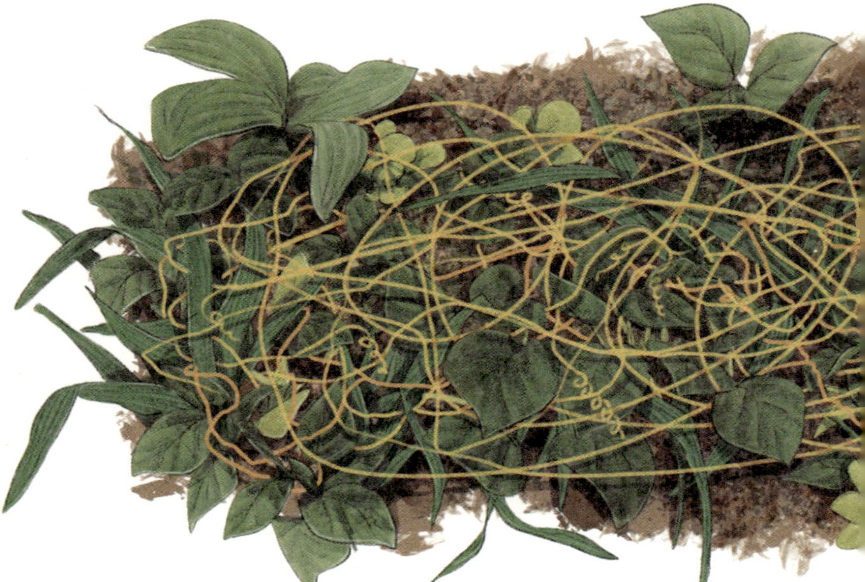

새삼ネナシカズラ은 정원수나 화초 위에 마치 면발처럼 엉겨 있습니다. 나팔꽃과 같은 과의 식물이지만 전혀 다른 삶을 살고 있습니다. 광합성을 위한 잎도 땅속의 뿌리도 없습니다. 줄기만으로 다른 식물에 기생해 영양분을 빼앗아 살아갑니다. 그래서 엽록소도 없고 황백색 실 같은 모습을 하고 있습니다. 새삼은 그야말로 '실'처럼 생긴 기생식물입니다. 새삼의 한자명 '토사자菟絲子'에는 실 사絲 자가 들어 있습니다. 실처럼 가느다란 그 모습이 동아시아에서도 일찍이 주목받아 이름에 새겨진 셈입니다.

060

해바라기

태양을 따라 고개를 돌리는 것은
성장 중일 때뿐이다?!

학명 — *Helianthus annuus*

과(科) — 국화과

개화기 — 여름

꽃말 — 동경 · 정열 ·
당신만을 바라봅니다

해바라기ヒマワリ는 태양 쪽을 향해 고개를 돌리며 자랍니다. 영어로는 '선플라워sunflower', 즉 '태양의 꽃'. 한자로는 '향일규 向日葵', 즉 '태양을 향하는 꽃(葵는 아욱과 식물을 통칭하는 한자어로, 여기서는 '꽃'으로 의역함 _ 옮긴이)'입니다.

북아메리카 원산으로 잉카 제국에서는 태양 신앙의 상징으로 여겨졌습니다. 콜럼버스가 신대륙을 발견하면서 유럽에 전해졌습니다. 태양을 따라 고개를 돌리는 것은 사실 성장하는 동안에만 해당합니다. 다 자란 해바라기는 더 이상 태양을 쫓아 움직이지 않습니다.

엔젤트럼펫

하늘에서 내려오는
길조의 흰 꽃

학명	*Brugmansia*
과(科)	가짓과
개화기	봄~가을
꽃말	애교 · 변장 · 거짓의 매력

엔젤트럼펫エンジェルトランペット은 나팔꽃을 닮은 꽃이 피지만 실제로는 열대 원산의 가짓과 식물인 흰독말풀의 일종입니다.

흰독말풀은 불교에서 만다라화曼茶羅華라고도 불립니다. 불교 경전에는 상서로운 일이 생길 징조로 하늘에서 네 가지 꽃, 즉 사화四華가 내려온다고 전해지는데, 그중 하나인 하얀 꽃이 만다라화입니다. 참고로 이때 함께 내리는 붉은 꽃이 앞에서 소개한 만수사화(曼珠沙華, 74쪽), 즉 꽃무릇입니다.

062

분꽃

멘델을 곤혹스럽게 한
분꽃의 비밀

학명 — *Mirabilis jalapa*

과(科) 분꽃과

개화기 여름

꽃말 수줍음 · 사랑을 의심 · 내기

분꽃オシロイバナ은 영어로 포 어클락four o'clock, 즉 '오후 네 시' 입니다. 오후 늦게 꽃이 피기 시작하는 데서 유래한 이름입니다. 씨앗 속에 하얀 가루 같은 배젖이 있는데 아이들이 이 것을 얼굴에 바르는 분가루처럼 가지고 놀았다고 해서 '분꽃'이라는 이름을 얻었습니다.

분꽃은 유전 법칙을 연구하던 멘델조차 곤혹스럽게 만든 것으로 유명합니다. 붉은 꽃과 흰 꽃을 교배하면 어느 한 쪽의 색이 나타나는 대신 그 중간색인 분홍 꽃이 피는 중간 유전 양상을 보이기 때문입니다.

봉선화

살짝 건드리기만 해도
씨앗을 튕겨 날리는 식물

학명	*Impatiens balsamina*
과(科)	봉선화과
개화기	여름
꽃말	나에게 손대지 마세요

봉선화ホウセンカ는 살짝 건드리기만 해도 씨앗이 튕겨 날아 갑니다. 학명의 임파티엔스Impatiens는 라틴어로 '참을 수 없다'라는 뜻입니다. 꽃말은 "나에게 손대지 마세요". 익은 열매에 조금만 닿아도 순식간에 씨앗이 튀어 날아갑니다. 마치 성격 급한 사람 같습니다. 별명은 '봉숭아'. 손톱을 붉게 물들이는 염료로 쓰였습니다.

064

도라지

개미가
꽃을 빨갛게 만든다고?

학명	*Platycodon grandiflorus*
과(科)	도라지과
개화기	여름~가을
꽃말	변하지 않는 사랑 · 기품 · 성실

도라지キキョウ는 가을의 일곱 풀 중 하나입니다. 그러나 지금은 자연에서 거의 볼 수 없게 되었습니다. 현재는 원예용으로 재배되는 도라지가 대부분입니다.

원래는 보랏빛 꽃을 피우지만 개미집에 들어가면 꽃이 붉게 변하는 성질이 있습니다. 이는 안토시아닌이라는 색소 때문으로, 개미가 내뿜는 의산(蟻酸: 개미가 분비하는 산성 물질_옮긴이)에 의해 붉어지는 것입니다. 개미가 꽃잎을 씹으면 꽃이 빨개지고, 개미가 화염을 부는 것처럼 보인다고 하여 '아리노히부키(개미의 불뿜기)'라고도 불렸습니다.

싸리

한자 '萩'에 담긴
가을의 비밀

학명	*Lespedeza*
과(科)	콩과
개화기	여름~초가을
꽃말	사색 · 내기 · 유연한 정신

싸리ハギ는 가을의 일곱 풀 중 하나입니다. 한자로는 '萩(사철쑥 추)'라고 씁니다. '萩'는 '草(풀 초)'에 '秋(가을 추)'를 더한 글자로, 가을을 대표하는 풀이라는 뜻이 담겨 있습니다. 비슷한 한자 '荻(물억새 적)'은 억새와 비슷한 볏과 식물을 뜻합니다. '荻'은 원래 '불을 놓아 짐승을 몰아낸다'는 뜻의 '狄(오랑캐 적)'에서 유래했는데, 거친 들판이나 물가에서 불길처럼 번성하는 풀의 생명력을 말합니다. 한편 물억새는 바람에 쉽게 옆으로 눕는 모습 때문에 가을 정취를 더욱 애잔하게 전합니다.

066

금목서

나비는 왜 이 꽃 향기를 싫어하는데
꽃가루를 옮길까

학명 ▸ *Osmanthus fragrans var. aurantiacus*

과(科) ▸ 물푸레나무과

개화기 ▸ 가을

꽃말 ▸ 겸손 · 기품 있는 사람 · 진실

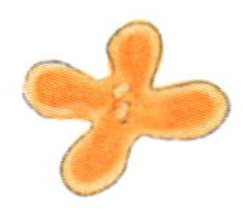

금목서キンモクセイ는 특유의 강한 향기로 잘 알려진 꽃입니다. 그런데 나비는 이 향기를 싫어한다고 합니다. 꽃가루를 옮겨주는 곤충을 불러들이기 위해 꽃에서 향기가 나는 것인데, 나비가 싫어하는 향기를 풍기면서도 어떻게 꽃가루를 옮길 수 있는 것일까요? 사실 금목서의 향기는 나비 이외의 곤충을 끌어들이는 동시에 꽃가루를 옮겨주지 않는 곤충을 쫓아내는 두 가지 역할을 하는 것으로 보입니다.

067

투구꽃

정원에서 흔히 볼 수 있는 식물이
알고 보니 맹독성?!

학명	*Aconitum*
과(科)	미나리아재비과
개화기	여름~가을
꽃말	기사도 · 영광 · 사람 싫음

투구꽃トリカブト은 맹독으로 잘 알려진 식물이지만 정원에서
도 흔히 볼 수 있습니다. 예로부터 독화살의 독으로 이용되
었고, 세계 각지에서 독약으로 쓰였습니다. 서양에서는 투구
꽃을 먹으면 늑대인간이 된다는 전설도 있습니다. 못생긴 사
람을 일컫는 일본어 단어 부스ブス도 이 투구꽃의 별칭에서
유래했습니다. 맹독에 중독되어 고통으로 일그러진 표정을
가리키는 말입니다.

샐비어

향기로 미래의 남편 얼굴을 볼 수 있게 해주는
식물이라고?

학명	*Salvia splendens*
과(科)	꿀풀과
개화기	초여름~가을
꽃말	존경 · 지혜 · 가족애

샐비어サルビア는 오랫동안 붉은 꽃을 피우며 생명력의 상징
으로 여겨져 왔습니다. 학명 살비아Salvia는 라틴어로 '건강'
또는 '구원'을 뜻합니다. 10세기 아랍 의사들은 샐비어가 수
명을 획기적으로 늘려준다고 믿었고, 이 믿음이 유럽으로 전

해지면서 "정원에 샐비어를 키우는 사람이 왜 죽겠는가"라
는 말이 생겨났습니다. 중세 유럽에서는 악령을 쫓고 행운을
부르는 부적으로 몸에 지니고 다니기도 했습니다. 사람들은
이 꽃이 정신력을 높이거나 슬픔을 덜어주는 힘을 지녔다고
믿었습니다. 그 향기는 젊은 여성이 미래의 남편 얼굴을 볼
수 있게 해준다는 이야기도 전해집니다.

069

코스모스

꽃잎을 떼며 꽃점을 볼 때
반드시 '싫어'부터 시작해야 하는 이유

학명	*Cosmos*
과(科)	국화과
개화기	가을
꽃말	조화 · 겸손 · 소녀의 순수함

코스모스ㅋㅈㅅ모스는 원래 '우주' 또는 '조화'를 의미하는 말입니다. 원산지인 멕시코에서 이 식물을 처음 본 유럽 사람들이 꽃잎이 질서 있게 고르게 배열된 아름다운 모습에서 '코스모스'라는 이름을 붙였습니다. 꽃잎은 여덟 장입니다. 꽃점

을 할 때 '좋아'부터 시작해서 '좋아, 싫어'를 번갈아 세다 보
면 꽃잎이 여덟 장이기 때문에 반드시 '싫어'에서 끝납니다.
그러니 꽃점을 시작할 때는 '싫어'부터 시작해야 합니다.

070

은행나무

공룡 시대부터 살아남은
지구 최강 식물

학명	*Ginkgo biloba*
과(科)	은행나무과
개화기	봄
꽃말	장수 · 진혼

은행나무イチョウ가 지구에 나타난 것은 공룡이 출현하기 훨씬 이전인 약 3억 년 전의 일입니다. 공룡 시대에는 수많은 은행나무 종류가 지구 위에 번성했지만 그 대부분은 멸종하고 지금은 은행나무 한 종만 살아남았습니다. 식물이 열매를 맺는 것은 새에게 자신의 씨앗을 먹여 널리 퍼뜨리기 위해서입니다. 하지만 고약한 냄새가 나는 은행銀杏은 지금은 멸종한 초식공룡의 입맛에 맞춰 발달한 것이라는 주장도 있습니다.

071

구골나무

나이 먹을수록
가시가 사라지는 식물에게 인생을 배우다

학명	*Osmanthus heterophyllus*
과(科)	물푸레나무과
개화기	가을~겨울
꽃말	용의주도함 · 선견지명

구골나무ヒイラギ는 나이를 먹을수록 잎의 가시가 둥글어집니
다. 봄을 맞이하기 위한 행사로 볶은 콩을 뿌리며 액막이를
하는 풍습이 있는데, 구골나무 가지에 정어리 머리를 꽂아 문
에 달아두는 풍습도 그중 하나입니다. 이를 통해 귀신을 쫓

는다고 합니다. 가시가 귀신을 막는 것은 젊은 나무뿐입니다.
늙은 나무가 되면 잎의 가시가 없어져 둥근 잎만 남습니다.
구골나무의 잎이 나이를 먹으면 둥글어지는 것은 더는 가시
로 자신을 지킬 필요가 없어졌기 때문일지도 모릅니다.

남천

습하고 냄새 나기 쉬운 곳에
주로 심는 뜻밖의 이유는?

학명	*Nandina domestica*
과(科)	매자나무과
개화기	초여름
꽃말	내 사랑은 커져만 가고 · 좋은 가정

남천南天은 어려움難을 복으로 바꾼다轉는 의미의 난전難轉
과 발음이 같아서 액막이 식물로 사랑받았습니다. 붉은 열매
가 등불처럼 빛나는 모습이 아름다워 중국에서는 남천촉南天
燭이라고 불리기도 합니다.

　이런 상징성 덕분에 옛사람들은 귀신이 드나든다고 믿
는 귀문(북동쪽) 방향에 주로 심었는데, 여기에는 지혜로운
이유가 숨어 있습니다. 북동쪽은 해가 잘 들지 않고 습해 세
균이 번식하기 쉬운 환경입니다. 실제로 남천에는 강력한 항
균 성분이 들어 있어 불길한 기운을 막는다는 믿음 뒤에 실
질적인 위생 효과까지 담겨 있었던 셈입니다.

073

동백나무

무사들은 왜 이 식물의 꽃이
통째로 떨어지는 걸 좋아했을까

학명	*Camellia japonica*
과(科)	차나무과
개화기	겨울~봄
꽃말	겸손한 아름다움 · 자랑

동백나무ツバキ의 꽃은 통째로 뚝 떨어집니다. 그 모습이 목이 잘리는 것을 연상시킨다 하여 불길하다고 여겼으나 이는 사실 근대에 생겨난 인식입니다. 무사 사회에서는 오히려 꽃이 통째로 떨어지는 동백을 '꽃잎이 시들어 흩어지지 않는다'는 의미로 좋아했습니다.

동백은 신성한 식물로 여겨져 오래된 사찰이나 정원에서도 흔히 볼 수 있습니다. 곤충이 적은 겨울에 꽃을 피워 동박새 같은 새가 꽃가루를 옮겨줍니다. 새는 꽃의 꿀만 빼앗고 꽃가루는 옮겨주지 않을 것 같지만 그렇지 않습니다. 새는 꽃가루를 묻힌 채 꿀을 빨기 때문에 자연스럽게 꽃가루받이가 이루어집니다. 꽃은 새가 꿀을 빨기 좋도록 꽃받침을 단단하게 만들어 꽃가루받이를 돕게 합니다.

이름은 알지만 사연은 몰랐던 꽃집의 꽃들

074

복수초

스스로 태양빛을 모아
벌레를 불러들이는 꽃

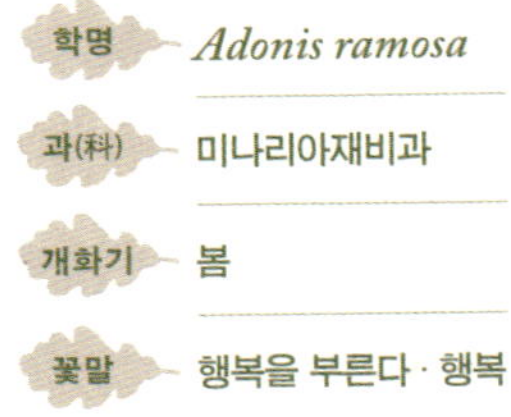

학명	*Adonis ramosa*
과(科)	미나리아재비과
개화기	봄
꽃말	행복을 부른다 · 행복

복수초フクジュソウ는 '복수초福壽草', 즉 '복과 장수를 비는 풀'입니다. 추운 정월에 봄의 도래를 알리듯 화사한 꽃을 피워 경사스러운 식물로 여겨져 왔습니다. 복수초는 꽃의 중심으로 태양빛을 모아 따뜻하게 만드는 파라볼라 안테나 같은 구조를 갖추고 있어 온기를 찾아 꽃 속에 모여드는 벌레를 불러들입니다. 현재 꽃집에서 파는 복수초는 비닐하우스 등에서 촉성 재배된 것이 대부분입니다.

075

스토크

겹꽃이
씨앗을 맺지 못하는 이유는?

학명	*Matthiola*
과(科)	십자화과
개화기	봄
꽃말	영원한 사랑 · 사랑의 끈

스토크ストック는 십자화과 식물로 본래 홑꽃이지만 화려한 겹꽃이 인기입니다. 겹꽃은 수술도 꽃잎처럼 변하기 때문에 종자를 맺지 못합니다. 씨앗에서 싹을 틔울 때 잎에 절개부가 있는 것이 겹꽃이 되고 없는 것이 홑꽃이 됩니다. 이 특성을 활용해 싹의 단계에서 겹꽃과 홑꽃을 구별하기 쉬운 품종이 개발되어 있습니다.

076

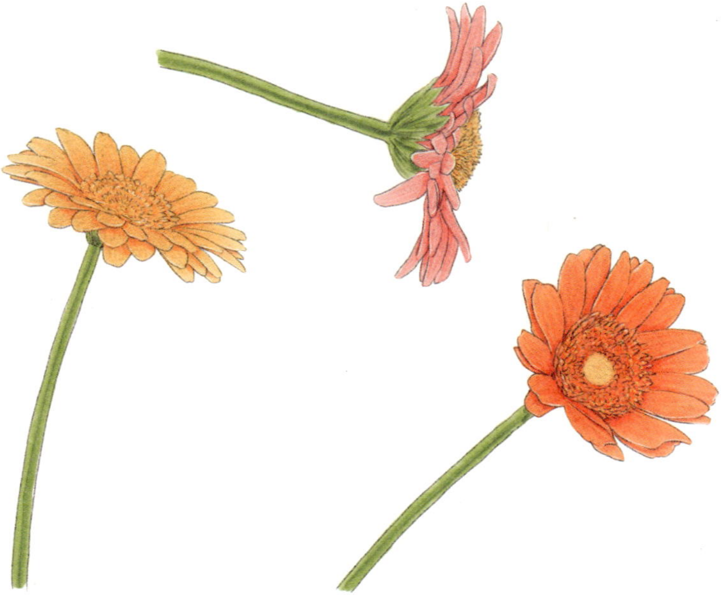

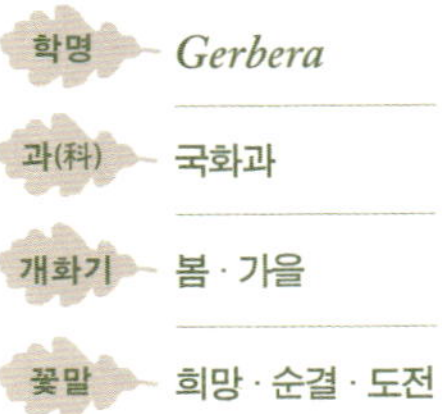

거베라

왜 졸업식 꽃다발에
자주 등장할까

학명	*Gerbera*
과(科)	국화과
개화기	봄 · 가을
꽃말	희망 · 순결 · 도전

거베라ガーベラ는 꽃다발로 많이 쓰이는 꽃입니다. 다
양한 꽃말이 있어 졸업식 날 선생님께 드리는 꽃으
로도 자주 쓰입니다. 주황색 거베라의 꽃말은 "모
험", 흰색은 "희망"과 "순결", 분홍색은 "감사", 빨
간색은 "앞을 향해"와 "도전" 등 색깔마다 꽃말
이 다양합니다. 노란색 거베라의 꽃말은 "친
밀함"입니다.

개양귀비

밀밭의 잡초였던 꽃이
무농약 오가닉의 상징이 된 비결

학명	*Papaver rhoeas*
과(科)	양귀비과
개화기	봄
꽃말	위로 · 그리움 · 쾌활하고 상냥함

유럽 밀밭의 흔한 잡초인 개양귀비(포피)는 영어로 콘 포피 Corn poppy, 즉 '곡물밭의 양귀비'라 불리며 오랫동안 잡초 취급을 받아왔습니다. 하지만 최근 유기농법이 주목받으면서 농약을 쓰지 않는 밀밭 사이로 선명하게 피어나는 이 꽃은 무농약 오가닉의 상징으로 재평가받고 있습니다. 양귀비과 식물 특유의 아주 작은 씨앗을 무수히 퍼뜨리는 강력한 번식력 덕분에 오늘날에도 유럽 곳곳의 들판을 화려하게 수놓고 있습니다.

078

튤립

어느 색이든
아름다운 이유

학명	*Tulipa gesneriana*
과(科)	백합과
개화기	봄
꽃말	그리움

튤립チューリップ은 아이들이 가장 먼저 떠올리는 꽃 중 하나
입니다. 다양한 색의 품종이 개발되어 있어 어느 색이 가장
아름답다고 할 수 없습니다. 우열이 없는 것인지, 아니면 모
두 아름다운 것인지는 보는 사람에 달려 있습니다. 색깔마다
저마다의 아름다움이 있기 때문에 튤립은 어느 꽃과 나란히
놓아도 아름답습니다.

079

은방울꽃

용감한 기사의
피가 떨어진 자리마다 피어난 꽃

유럽에서 은방울꽃スズラン은 성스러운 식물로 받아들여집니
다. 전설에 따르면, 성 레오나르(Saint Léonard: 6세기 프랑스의
성인으로 숲속에서 용과 싸워 물리쳤다는 전설이 전해진다._옮긴이)
가 숲의 수호자로서 무시무시한 용과 사흘 밤낮을 싸워 마

174

침내 물리쳤습니다. 그 전투에서 흘린 그의 피가 떨어진 곳마다 은방울꽃이 피어났다고 합니다. 지금도 그 숲에서는 은방울꽃이 피어 승리의 종소리를 울리고 있다고 전해집니다.

080

카모마일

밥힐수록
더 잘 자라는 식물이 있다?!

학명	*Matricaria chamomilla*
과(科)	국화과
개화기	봄~여름
꽃말	고난 속의 힘 · 청초

카모마일カモミール은 '카밀레Kamille'라는 이름으로도 불립니다. 꽃말은 "고난 속의 힘". 원산지인 유럽에서는 밟힐수록 잘 자라는 식물로 알려져 있습니다. 영국에서는 마을과 마을을 잇는 좁은 길, 이른바 '풋패스footpath'를 따라 카모마일이 줄지어 피어납니다. 사람들이 그 길을 걸을수록 카모마일은 더욱 무성하게 자란다고 합니다.

081

스위트피

노래가 먼저일까,
꽃이 먼저일까

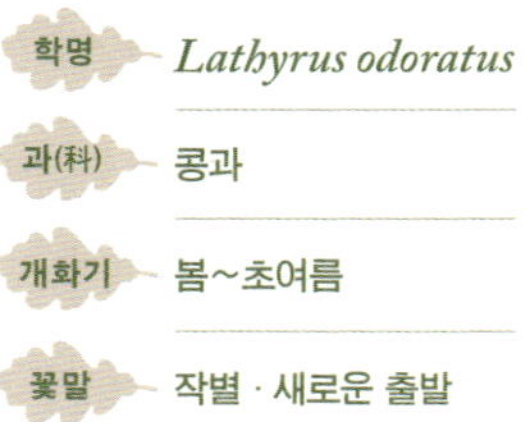

학명	*Lathyrus odoratus*
과(科)	콩과
개화기	봄~초여름
꽃말	작별 · 새로운 출발

스위트피スイートピー의 '피pea'는 완두콩을 뜻합니다. 스위트피는 완두콩의 친척으로, 달콤한 향기가 나는 완두의 꽃과 닮았습니다. 마쓰다 세이코가 부른 노래 〈붉은 스위트피〉를 떠올리는 분도 많겠지만, 아쉽게도 스위트피에는 원래 붉은 꽃 품종이 없었습니다. 그러나 이 노래가 히트하면서 육종가들의 노력으로 마침내 진짜 '붉은 스위트피'가 탄생했습니다.

082

라넌큘러스

짝사랑에 상처받은
남자의 무덤에 핀 꽃

학명	*Ranunculus*
과(科)	미나리아재비과
개화기	봄~초봄
꽃말	매우 매력적

라넌큘러스ラナンキュラス는 사랑에 상처받은 청년의 넋이 깃든 슬픈 꽃입니다. 옛날 미소년 피그말리온(Pygmalion: 그리스 신화에 등장하는 조각가로 자신이 만든 조각상을 사랑하게 된 이야기로 유명하다._옮긴이)과 그의 절친한 친구 라넌큘러스는 한 소녀를 동시에 사랑하게 되었습니다. 하지만 소녀의 선택은 피그말리온이었고, 라넌큘러스는 깊은 상심에 빠져 그들의 곁을 떠나 영원히 사라집니다. 걱정이 된 피그말리온이 사방

으로 라넌큘러스를 찾아 헤맸지만 가까스로 발견한 것은 그
의 무덤이었습니다. 피그말리온은 그곳에 피어난 아름다운
꽃에 친구의 이름을 붙여주었습니다. 라넌큘러스는 이토록
애절한 사연을 간직한 꽃입니다.

083

히아신스

서풍의 신의 질투로
죽은 소년의 피에서 핀 꽃

학명 — *Hyacinthus orientalis*

과(科) — 비짜루과

개화기 — 봄~초봄

꽃말 — 슬픔·애도

히아신스ヒヤシンス의 이름은 그리스 신화에 등장하는 미소년 히야킨토스Hyacinthos에서 유래했습니다. 태양신 아폴론이 총애하던 소년이었으나 서풍의 신 제피로스가 질투한 나머지 원반을 빗나가게 해 히야킨토스를 죽음으로 내몰았습니다. 아폴론은 슬픔을 이기지 못해 그 소년의 피에서 꽃이 피어나게 했고, 그 꽃이 히아신스입니다.

꽃잎에 "아이아이(Ai, Ai: 그리스어로 '아, 슬프다'라는 뜻의 탄식_옮긴이)"라는 문자를 새겼다고 전해집니다. 꽃잎에 보이는 줄무늬 모양이 바로 그것이라고 합니다.

카네이션

어머니의 날 꽃이
라틴어 '고기'에서 유래했다고?!

학명	*Dianthus caryophyllus*
과(科)	패랭이꽃과
개화기	봄~초여름
꽃말	순수하고 깊은 사랑

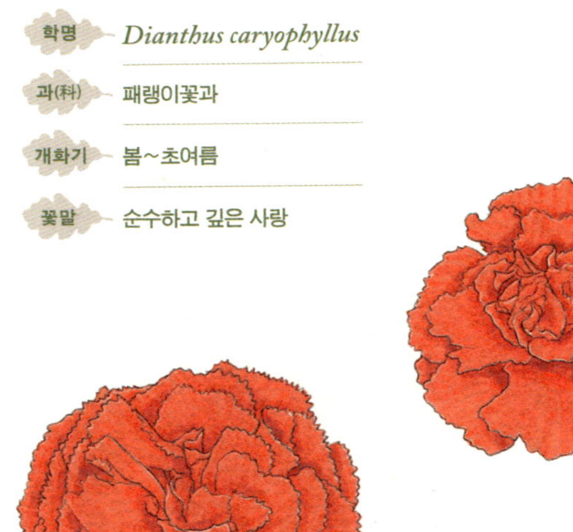

카네이션カーネーション은 어머니의 날 꽃으로 잘 알려져 있습니다. 미국에서는 일종의 유머로, 카네이션carnation을 car(자동차)+nation(나라)으로 읽어 '자동차의 나라'라고도 합니다.

카네이션의 어원은 여러 설이 있는데, 라틴어로 '고기'를 뜻하는 '카르네carne'에서 유래했다는 설도 있습니다. 꽃의 색이 고기 색과 비슷한 데서 비롯된 이름이라고 합니다. '카니발carnival'이라는 단어도 카네이션과 같은 어원에서 나왔으며, '카니발'의 어원인 '카르니발레carnevale'는 '고기여, 안녕'을 의미하는 말이기도 합니다.

085

다이안서스

핑크라는 색
이름의 유래가 된 식물

학명 — *Dianthus*

과(科) — 패랭이꽃과

개화기 — 봄~가을

꽃말 — 순결한 사랑 · 정절 · 대담함

핑크pink라는 색 이름은 이 꽃 다이안서스에서 왔습니다.

다이안서스의 별명은 야마토 나데시코(大和撫子: 패랭이꽃의 일본 이름. 섬세하고 단아한 아름다움을 지닌 여성상을 가리키는 말로도 쓰인다._옮긴이). 패랭이꽃과에 속하는 원예 식물로 카네이션과 같은 집안입니다.

다이안서스는 그리스 신화 최고의 신 제우스를 뜻하는 '디오스Dios'와 꽃을 뜻하는 '안토스Anthos'가 합쳐진 말로, '제우스의 꽃'이라는 의미입니다. 그 아름다움 덕분에 '신의 꽃'이라고 불릴 만큼 고귀한 꽃으로 대접받았습니다. 다이안서

스는 별명 자체가 '핑크'이기도 합니다. 과일 오렌지에서 오
렌지색이라는 명칭이 유래한 것처럼 이 꽃의 빛깔이 곧 핑크
라고 불리게 된 것입니다. 작은 꽃 한 송이가 언어 속에 깃들
어 오래도록 우리 곁에 남아 있습니다.

086

데이지

꽃잎 하나하나에
사랑을 묻다

학명	*Bellis perennis*
과(科)	국화과
개화기	겨울~초여름
꽃말	평화 · 희망 · 순결 · 미인

데이지의 일본 이름은 히나기쿠(雛菊: 작고 앙증맞은 국화라는 뜻_옮긴이). 이 꽃의 옛 이름에는 '사랑의 척도Measure of Love' 라는 뜻이 담겨 있습니다.

데이지는 오래전부터 꽃점에 쓰여온 식물입니다. 꽃잎을 한 장씩 떼어내며 좋아한다, 싫어한다, 좋아한다, 싫어한다를 번갈아 읊조립니다. 마지막 꽃잎에서 나오는 답이 곧 사랑의 결론. 또한 눈을 감은 채 데이지를 꺾었을 때 손에 든 꽃의 송이 수가 그녀가 결혼할 때까지 남은 연수를 나타낸다고도 합니다.

손에 쥔 꽃 한 송이에 두근거리는 마음을 얹고 꽃잎 하나하나를 떼어내며 답을 기다리던 사람들. 데이지는 그 오랜 설렘을 조용히 간직해온 꽃입니다.

087

캄파눌라

도둑에게 목숨을 잃은
사과 과수원 아름다운 딸의 이름이 꽃 이름이 되다

학명	*Campanula*
과(科)	초롱꽃과
개화기	초여름
꽃말	감사 · 성실 · 절개

미야자와 겐지(宮沢賢治: 1896~1933, 일본의 동화작가이자 시인. 『은하철도의 밤』『바람의 마타사부로』 등을 썼다._옮긴이)의 동화 『은하철도의 밤』에는 조반니와 캄파넬라라는 두 소년이 등장합니다. 이들의 이름은 기독교 성직자 이름에서 비롯되었습니다. 라틴어로 캄파눌라는 '작은 종'이라는 의미이며 종 모양 꽃을 피우는 초롱꽃과 식물을 총칭합니다.

초롱꽃과의 별명은 쓰리가네소우(釣鐘草: 매달린 종 모양의 풀이라는 뜻_옮긴이). 원예종으로 널리 재배되는 캄파눌라 메디움은 이 꽃에서도 특히 아름다운 품종입니다.

캄파눌라에는 슬픈 전설이 전해
집니다. 어느 날 사과 과수원에 도둑
이 들었습니다. 과수원지기의 아름다
운 딸은 은방울 목걸이를 흔들어 그
사실을 알렸습니다. 그러나 딸은 도
둑의 손에 목숨을 잃고 말았습니다.
꽃의 여신 플로라는 그녀의 죽음을
슬퍼하여 그 넋을 꽃으로 피워냈다
고 합니다. 그것이 바로 캄파눌라. 캄
파눌라는 그 딸의 이름입니다.

088

금어초

꽃은 금붕어,
씨방은 해골?!

학명	*Antirrhinum majus*
과(科)	현삼과
개화기	봄
꽃말	수다스러움 · 쾌활

꽃의 생김새가 금붕어를 닮았다고 하여 금어초金魚草라는 이름이 붙었습니다. 혹은 용을 닮았다고도 합니다.

영어로는 '드래곤플라워dragon flower'. 드래곤의 머리를 닮았다고 하여 붙여진 이름입니다. 귀여운 꽃이지만 꽃이 시든 뒤의 꼬투리(열매 껍질)는 무서운 해골처럼 변합니다.

옛사람들은 이 기이하고 섬뜩한 형상에 특별한 힘이 있다고 믿었습니다. 금어초를 집 주변에 심어두면 액운을 대신 받아내어 저주나 마술 같은 재앙으로부터 가족을 보호해준다고 믿었던 것입니다.

금붕어처럼 사랑스러운 꽃과 해골을 닮은 씨방. 금어초는 그 묘한 양면성으로 오래도록 사람들의 마음을 붙들어온 꽃입니다.

089

마거릿

꽃과 사람이 같은 이름을
나눠 갖다

학명	*Argyranthemum frutescens*
과(科)	국화과
개화기	진여름과 한겨울을 제외한 거의 일 년 내내
꽃말	꽃점 · 신뢰 · 진실한 사랑

마거릿Margaret이라는 이름은 그리스어로 '진주'를 뜻하는 '마르가리테스margarites'에서 왔습니다. 순수하고 흠 없는 진주처럼 꽃잎의 희고 단아한 자태가 그 이름과 꼭 닮았습니다.

원산지는 대서양의 카나리아 제도(Canary Islands: 아프리카

북서쪽 해안 인근 스페인령 군도로 온화한 기후와 풍부한 일조량으로 유명하다._옮긴이). 야생에서는 키가 1미터에 이르기도 하지만 원예종은 훨씬 소담하게 자랍니다. 햇빛을 받으면 활짝 열리고 저녁이면 조용히 오므라드는 꽃. 그 작은 리듬 속에 마거릿만의 품격이 있습니다.

마거릿이라는 이름은 꽃에서 사람에게로도 건너갔습니다. 영미권에서 오래도록 사랑받아온 여성 이름 마거릿이 바로 그것입니다. 그 이름 하나가 꽃과 사람 사이를 조용히 이어주고 있습니다.

090

장미

가시 돋친 꽃의 이름은
어떻게 탄생했을까

학명 ▸ *Rosa*

과(科) ▸ 장미과

개화기 ▸ 봄~초여름

꽃말 ▸ 사랑 · 아름다움

장미를 한자로 쓰면 薔薇입니다. 그런데 薔과 薇, 이 두 글자는 사실 장미와는 전혀 관계없는 풀의 이름이었습니다.

薇은 원래 가늘고 길게 뻗는 풀을 뜻하는 글자입니다. 일본에서는 젠마이(ゼンマイ: 고비과에 속하는 여러해살이 양치식물로 한국의 고사리와 비슷하다._옮긴이)를, 중국에서는 살갈퀴(カラスノエンドウ: 콩과에 속하는 덩굴풀_옮긴이)를 가리키는 글자로 쓰였습니다. 薔 역시 야나기타데(ヤナギタデ: 마디풀과에 속하는 한해살이풀_옮긴이)라는 전혀 다른 풀의 이름이었습니다.

그렇다면 왜 이 두 글자가 장미에 붙었을까요. 장미의 가시는 다른 식물에 몸을 기대어 위로 뻗어 올라가기 위해 발달한 것입니다. 덩굴처럼 자라는 습성이 바로 그 증거입니다. 덩굴풀을 뜻하는 두 글자가 이 식물의 속성과 맞닿아 '장미'라는 이름이 탄생한 것입니다. 가시 돋친 꽃의 이름 속에 이토록 깊은 사연이 숨어 있었습니다.

091

안개꽃

조연이어서
더 아름다운 식물

학명	*Gypsophila elegans*
과(科)	패랭이꽃과
개화기	초여름
꽃말	순결한 마음 · 영원한 사랑

가냘프고 작은 꽃을 피우면서도 꽃다발에 없어서는 안 되는 꽃이 있습니다. 안개꽃입니다.

꽃다발 속에서 안개꽃은 다른 꽃들을 돋보이게 하는 조연입니다. 주인공 꽃 혼자서는 어딘가 허전하고 밋밋한 느낌이 드는데 안개꽃이 더해지면 비로소 꽃다발이 완성됩니다. 꽃다발 속 안개꽃에 마음을 빼앗기는 사람은 드물지만 안개꽃이 없으면 안 된다는 것은 누구나 압니다.

영어 이름은 baby's breath. '아기의 숨결'이라는 뜻입니다. 꽃말은 "순결한 마음"과 "영원한 사랑". 수줍은 듯 고개를 숙이며 피어나는 작은 꽃송이들이 그 이름과 꽃말을 고스란히 닮았습니다. 화려하지 않아도 곁에 있어야 할 존재. 안개꽃은 그런 꽃입니다.

092

칼라

꽃잎처럼 보이는 것이
사실은 잎이었다

학명 — *Zantedeschia aethiopica*

과(科) — 천남성과

개화기 — 초여름

꽃말 — 여성의 청초함 · 순결

꽃잎처럼 보이는 흰 부분의 정체는 사실 잎입니다.

칼라는 천남성과 식물입니다. 토란이나 곤약과 같은 집안으로 그 특유의 모양새 그대로 꽃을 피웁니다. 아름답고 우아한 인상과 달리 뿌리는 토란을 닮은 투박한 알뿌리입니다.

그렇다면 저 흰 꽃잎은 무엇일까요? 뜻밖에도 그것은 잎이 변한 것입니다. 진짜 꽃은 그 중심에 솟아 있는 노란 막대 모양 부분입니다. 우리가 꽃이라 여기며 바라보던 것이 실은 꽃을 감싸고 있는 잎이었던 것입니다. 가장 아름다워 보이는 것이 꽃이 아닐 수도 있다는 것. 칼라는 그 사실을 조용히 일깨워줍니다.

백합

성모 마리아의 꽃?!

학명 — *Lilium*

과(科) — 백합과

개화기 — 여름

꽃말 — 순결 · 무구 · 위엄

백합은 품종이 무척이나 다양합니다. 나팔 모양의 트럼펫 계열, 아래를 향해 피는 계열, 오리엔탈 계열 등 크게 여러 갈래로 나뉩니다. 유럽에서 문장紋章에 사용되거나 이스터(Easter: 예수의 부활을 기념하는 기독교 축일 _ 옮긴이)의 꽃 또는 성모 마리아의 꽃으로 받아들여지는 것은 모두 아시아 원산의 자생종입니다.

사실 유럽에서 백합의 원종은 그리 많지 않습니다. 아시아산 백합이 유럽에 소개되면서 수많은 품종이 탄생했습니다. 오늘날 꽃집에서 흔히 볼 수 있는 카사블랑카Casablanca도

그렇게 탄생한 품종입니다. 들판에 조용히 피어 있던 들백합
이 세계로 건너가 화려한 꽃다발의 주인공이 된 것입니다.

094

라일락

이름을 바꾸어
나라를 건넌 꽃

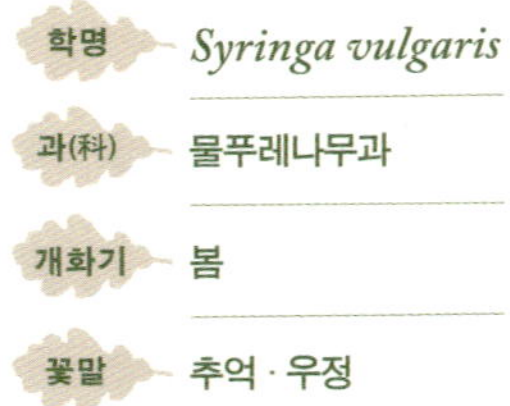

학명	*Syringa vulgaris*
과(科)	물푸레나무과
개화기	봄
꽃말	추억 · 우정

라일락은 유럽 원산으로 서늘한 기후를 좋아하는 식물입니다. 프랑스어로는 '릴라lilas'라고 부릅니다.

프랑스 샹송 가운데 〈흰 릴라Blanc lilas〉라는 유명한 곡이 있습니다. 릴라꽃이 피는 봄날을 노래한 곡입니다. 이 노래가 다른 나라로 건너가면서 릴라는 제비꽃으로 이름을 바꾸었습니다. 꽃은 그대로인데 이름만 달라진 채 불린 것입니다.

꽃 하나가 이름을 바꾸어가며 나라와 나라 사이를 건너가는 일. 언어는 다르지만 꽃을 사랑하는 마음은 어디서나 같았던 것입니다.

095

리시안서스

왜 그런
묘한 이름이 붙었을까

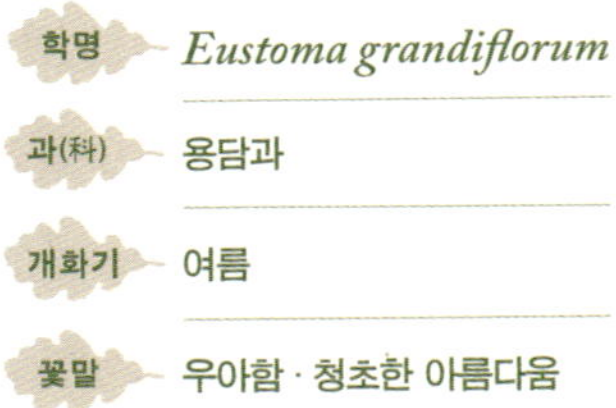

학명	*Eustoma grandiflorum*
과(科)	용담과
개화기	여름
꽃말	우아함 · 청초한 아름다움

학명은 유스토마Eustoma이며 우리에게 친숙한 이름은 리시안서스lisianthus입니다. 그런데 흥미롭게도 이 식물의 정식 명칭은 '터키도라지'입니다.

이름과는 달리 실제로는 터키 원산도 아니고 도라지와 같은 초롱꽃과 식물도 아닙니다. 원산지는 북아메리카이며 식물학적으로는 용담과에 속합니다.

그렇다면 왜 터키도라지라는 이름이 붙었을까요? 꽃의 보랏빛이 터키석(turquoise: 청록색 계열의 보석으로 터키를 통해 유럽에 전해졌다 하여 붙은 이름_옮긴이)을 닮아 붙여졌다는 설

과 꽃의 형태가 터키 사람들이 쓰던 터번turban을 닮아 붙여
졌다는 설이 있습니다. 이름의 정확한 유래는 밝혀지지 않았
습니다.

한편 리시안서스는 그리스어로 '해방'을 뜻하는 '리시스
Lysis'와 꽃을 뜻하는 '안토스Anthos'가 합쳐진 말입니다. 그 이
름이 말해주듯 과거에 리시안서스는 고통을 해소해주는 약
재로 쓰였습니다.

096

달리아

이 꽃을 독차지하고
싶었던 황후

학명	*Dahlia*
과(科)	국화과
개화기	여름~가을
꽃말	화려함 · 우아함 · 변덕

황제 나폴레옹 1세의 황후는 달리아를 좋아했습니다. 궁전 정원에 진귀한 품종을 모아 가꾸며 아무에게도 나누어주지 않았다고 합니다. 달리아를 자기만의 꽃으로 간직하고 싶었던 것입니다.

어느 날, 황후의 시녀가 달리아를 몰래 훔쳐 자기 정원에 꽃을 피웠습니다. 그 사실을 알게 된 황후는 달리아에 대한 흥미를 완전히 잃었고 그 뒤로 달리아를 멀리했다고 합니다.

나만의 것이기를 바랐기에 소중했던 꽃. 누구나 가질 수 있게 되자 마음이 떠나버린 것입니다. 달리아의 꽃말이 "변덕"인 것도 그 때문일까요?

097

제라늄

이 식물이 창가에 놓이게 된
뜻밖의 이유는?

학명 — *Pelargonium*

과(科) — 쥐손이풀과

개화기 — 봄 · 가을

꽃말 — 존경 · 신뢰 · 가정의 행복

유럽을 여행하다 보면 오래된 거리의 건물 창가마다 화분에 담긴 꽃이 아름답게 장식된 풍경을 만나게 됩니다. 그 꽃이 바로 제라늄입니다.

옛날 가정집에는 유리창도 방충망도 없었습니다. 외부와 집 안을 가로막는 것이 아무것도 없었기에 벌레가 들어오기 일쑤였습니다. 제라늄은 독특한 향기가 있어 벌레가 싫어합니다. 벌레가 집 안으로 들어오지 못하도록 창가에 제라늄을 두었던 것입니다.

아름다움과 실용을 함께 갖춘 꽃. 유럽의 창가에 제라늄이 자리 잡은 데는 그런 오랜 지혜가 담겨 있었습니다.

국화

호주에서 어머니날 어머니에게
선물하는 꽃으로 사랑받는 이유

학명	*Chrysanthemum × morifolium*
과(科)	국화과
개화기	가을
꽃말	고귀함 · 고상함

국화는 장례식이나 성묘에 쓰이는 꽃이라는 인상이 강합니다. 제례용 꽃으로 자리 잡은 것은 20세기 중반 이후의 일입니다. 연중 재배가 가능해지면서 오래 시들지 않는 특성 덕분에 제례용으로 널리 쓰이게 된 것입니다.

학명 크리산테뭄Chrysanthemum에서 비롯된 멈mum이라는 이름도 있습니다. 공교롭게도 mum은 영국·호주 영어로 엄마를 뜻하는 말이기도 해서 호주에서는 어머니날에 어머니에게 선물하는 꽃으로 사랑받습니다.

같은 꽃이 나라마다 전혀 다른 의미로 쓰입니다. 국화는 그 사실을 조용히 보여주는 꽃입니다.

099

바오바브

어린 왕자는
왜 바오바브를 나쁜 식물로 여겼을까

학명	*Adansonia*
과(科)	아욱과
개화기	여름
꽃말	없음

바오바브는 아프리카 원산의 거목입니다. 가지가 하늘로 뻗어 뿌리를 내리는 듯한 독특한 나무 모양 때문에 업사이드다운트리upside-down tree, 즉 '거꾸로 선 나무'라고도 불립니다.

생텍쥐페리Saint-Exupéry의 소설 『어린 왕자』에서 바오바브는 별을 망가뜨리는 나쁜 식물로 등장합니다. 수령이 수백 년에서 수천 년에 이르고 하늘을 찌를 듯 솟아오르는 위용 때문에 그런 이미지가 생겼을 것입니다.

꽃집 앞에서 작은 화분에 담겨 관엽식물로 팔리는 것도 이 바오바브입니다. 저 웅장한 거목이 앙증맞은 화분 속에 들어앉아 얌전히 팔리는 것입니다. 아프리카 대지를 호령하던 나무의 작고 소탈한 변신입니다.

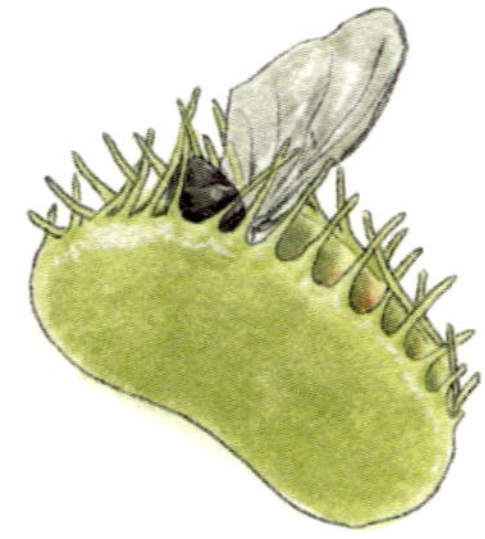

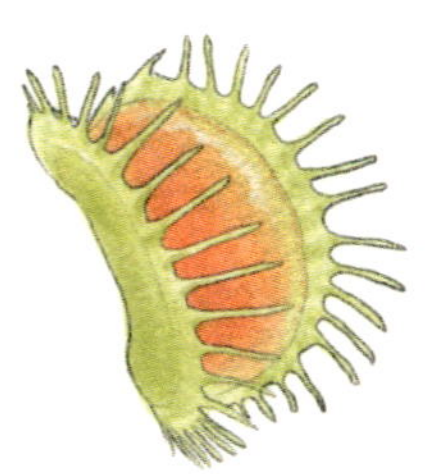

100

파리지옥

속임수에 넘어가지 않는
영리한 사냥꾼

학명	*Dionaea muscipula*
과(科)	끈끈이귀개과
개화기	초여름
꽃말	덫 · 교활한 사랑

파리지옥은 빠르고 영리한 포식자입니다. 별명은 파리잡이풀. 식충식물로 두 장의 잎을 닫아 벌레를 가위처럼 집어삼킵니다. 벌레를 잡는 것이 재미있어 몇 번이나 잎을 닫아봐도 파리지옥은 꿈쩍하지 않습니다.

잎 안쪽에 있는 작은 돌기가 반응하지 않으면 잎은 닫히지 않습니다. 빗방울 같은 것에는 반응하지 않도록 30초 이내에 두 번 접촉이 있어야만 잎을 닫습니다. 벌레라고 인식했을 때만 닫히는 것입니다.

속임수에 넘어가지 않는 영리함. 파리지옥은 식물 가운데 가장 치밀한 사냥꾼입니다.

101

벌레잡이제비꽃

제비꽃을 닮은
무시무시한 식충식물?!

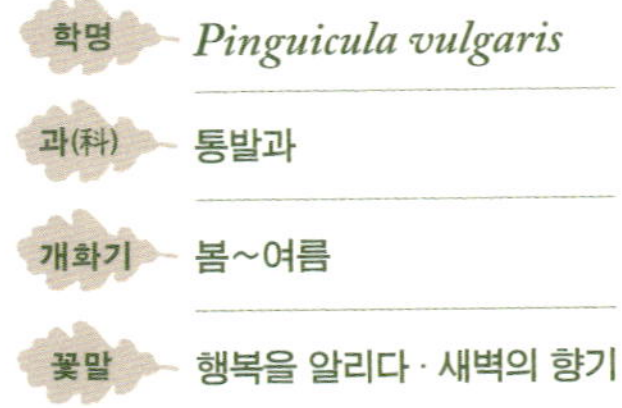

학명 — *Pinguicula vulgaris*

과(科) — 통발과

개화기 — 봄~여름

꽃말 — 행복을 알리다 · 새벽의 향기

벌레잡이제비꽃은 제비꽃처럼 앙증맞은 꽃을 피웁니다. 그러나 이 식물의 정체는 식충식물입니다.

통발과에 속하는 벌레잡이제비꽃은 잎 표면에서 소화 효소가 든 점착물질을 분비해 벌레를 붙잡아 녹여버립니다. 제비꽃을 닮은 순한 얼굴과 달리 식충식물에 걸맞게 무서운 면모를 감추고 있습니다.

건강한 식물이라면 대부분 무언가를 먹고 살아갑니다. 벌레를 잡지 않고도 살아갈 수 있으면 더 좋겠지만 쉽지 않습니다. 영양분이 부족한 땅에서도 꿋꿋이 살아남기 위해 벌

레를 양분으로 삼는 것입니다. 따지고 보면 보통의 식물과

다를 것이 없습니다. 살아남기 위해 최선을 다할 뿐입니다.

102

리토프스

살아남기 위해
스스로 돌이 되기를 선택한 식물?!

리토프스는 '살아 있는 보석'으로 불리는 관엽식물입니다. 이 식물은 돌을 닮은 자태로 유명합니다. 보는 각도에 따라 정말로 돌처럼 보이고, 그 '돌' 사이에서 아름다운 꽃을 피워냅니다.

원산지는 아프리카의 건조 지대입니다. 척박한 땅에서 살아남기 위한 리토프스의 전략은 의태擬態입니다. 초식동물은 먹을 것을 찾아 식물을 뜯어먹습니다. 리토프스는 동물의 눈을 피해 몸을 지키기 위해 돌의 모습으로 위장합니다.

살아남기 위해 스스로 돌이 된 식물. 그 '돌' 사이에서 피어나는 꽃이기에 더 아름답습니다.

103

시클라멘

앙증맞은 식물이
뜻밖의 이름을 얻게 된 사연

학명 *Cyclamen persicum*

과(科) 앵초과

개화기 겨울~봄

꽃말 수줍음 · 내성적임

시클라멘의 정식 이름은 부타노만주(豚の饅頭: 돼지 만두라는 뜻_옮긴이)입니다. 유럽에서 야생 돼지가 이 식물의 알뿌리를 즐겨 먹는다고 하여 '돼지의 빵Sowbread'이라 불리던 것이 일본에서 돼지 만두로 번역된 것입니다.

예쁜 꽃에 붙은 이름치고는 가혹하다고 생각한 식물학자 마키노 도미타로(牧野富太郎: 1862~1957, 일본의 식물학자로 평생 독학으로 식물을 연구하여 일본 식물학의 아버지로 불린다._옮긴이)는 꽃이 활활 타오르는 불꽃을 닮았다 하여 '가가리비바나(カガリビバナ: 횃불꽃)'를 제안했으나 끝내 자리 잡지는 못했

습니다. 지금은 학명에서 비롯된 '시클라멘'이라는 이름으로
불립니다.

식물 하나에 제대로 된 이름 하나를 얻기까지 이토록 긴
사연이 있었습니다.

104

포인세티아

열대식물이
추위를 이겨내는 방법

학명	*Euphorbia pulcherrima*
과(科)	대극과
개화기	겨울
꽃말	축복 · 행운을 빌다 · 성야(聖夜)

포인세티아는 초록과 빨강의 선명한 색채로 크리스마스 시즌을 수놓는 식물입니다.

포인세티아는 겨울이 한창인 계절에 꽃을 피웁니다. 추위에 강한 식물이라고 생각하기 쉽지만 사실은 그렇지 않습니다. 원산지는 멕시코의 사바나 지대로 추위를 잘 견디지 못하는 열대식물입니다.

그렇다면 포인세티아는 왜 겨울에 꽃을 피울까요? 크리스마스 무드를 끌어올리기 위해 한겨울에도 꽃을 피우는 것이 아닙니다. 추위 속에서도 살아남으려는 식물 본연의 생명력입니다. 포인세티아의 붉은빛은 그 분투의 빛깔입니다.

꽃양배추

식욕보다
아름다움을 택한 채소

학명	*Brassica oleracea var. acephala f. tricolor*
과(科)	십자화과
개화기	봄
꽃말	축복 · 사랑 · 사랑을 감싸다

꽃양배추의 학명은 브라시카 올레라세아Brassica oleracea입니다. 라틴어로 채원菜園의 식물이라는 뜻입니다. 분류학상 양배추와 같은 학명을 가진 같은 종입니다.

꽃양배추와 양배추는 17세기경 네덜란드인에 의해 일본에 전해졌습니다. 양배추는 식용으로 쓰였지만 꽃양배추는 식용으로 쓰이지 않았습니다. 대신 관상용 식물로 개량이 거듭되어 오늘날의 아름다운 모습을 갖추게 되었습니다.

같은 뿌리에서 출발했지만 한쪽은 식탁으로 한쪽은 정원으로 향한 것입니다. 꽃양배추는 아름다움을 택한 채소입니다.

105

방구석 식물학

1판 1쇄 발행 2026년 4월 23일

지은이   이나가키 히데히로
옮긴이   김수경
펴낸이   이재두
펴낸곳   사람과나무사이
등록번호   제2024-000012호
주소   경기도 파주시 회동길 508(문발동 627-3) 스크린 405호
전화   (031)815-7176 팩스 (031)601-6181
이메일   saram_namu@naver.com
디자인   O-H-!
영업   용상철
인쇄·제작   도담프린팅
종이   아이피피(IPP)

ISBN   979-11-94096-59-7   03480

잘못된 책은 구입하신 곳에서 바꾸어 드립니다